中等职业教育烹饪专业教材

漫话西方饮食文化

（第②版）

主　编　朱　玉　刘巧燕

副主编　张　毅　宋秀梅

参　编　曾继红　邱　卫　慈　婧

重庆大学出版社

内容提要

　　本书是一本简明的西方饮食文化教材。全书共分7章，简要介绍了多彩浪漫的西方节日仪礼文化，彰显优雅且有品位的餐桌礼仪，咖啡、红茶与甜点的美丽邂逅，各具特色的西餐风味流派，黄金搭档话美酒，香甜可口的西点美食，异彩纷呈的西餐工艺美术。

　　本书富有趣味性、知识性、实用性和浓厚的文化特色。本书设定了合理、有效的学习目标，以及合作探究和活动体验的学习模式，注重活动课设计，搭建平台，让学生在实践过程中感受、创新、全方位提升，具有寓教于乐和可操作性强的特点。本书适合中等职业学校烹饪、旅游、民俗、饭店等专业的学生学习使用，也可作为饮食文化爱好者的休闲读物。

图书在版编目（CIP）数据

漫话西方饮食文化／朱玉，刘巧燕主编. -- 2版
. -- 重庆：重庆大学出版社，2021.6(2024.8 重印)
中等职业教育烹饪专业教材
ISBN 978-7-5624-9435-5

Ⅰ.①漫…　Ⅱ.①朱…②刘…　Ⅲ.①饮食－文化－
西方国家－中等专业学校－教材　Ⅳ.①TS971.201

中国版本图书馆 CIP 数据核字 (2021) 第118844号

中等职业教育烹饪专业教材

漫话西方饮食文化（第2版）

主　编　朱　玉　刘巧燕
副主编　张　毅　宋秀梅
参　编　曾继红　邱　卫　慈　婧
策划编辑：沈　静
责任编辑：黄菊香　　版式设计：沈　静
责任校对：邹　忌　　责任印制：张　策

*

重庆大学出版社出版发行
出版人：陈晓阳
社址：重庆市沙坪坝区大学城西路 21 号
邮编：401331
电话：（023）88617190　88617185（中小学）
传真：（023）88617186　88617166
网址：http://www.cqup.com.cn
邮箱：fxk@cqup.com.cn（营销中心）
全国新华书店经销
重庆长虹印务有限公司印刷

*

开本：787mm×1092mm　1/16　印张：10.25　字数：226 千　插页：16 开 2 页
2016 年 1 月第 1 版　2021 年 6 月第 2 版　2024 年 8 月第 7 次印刷
印数：11 001—12 000
ISBN 978-7-5624-9435-5　定价：35.00 元

第 2 版前言

　　《漫话西方饮食文化》的修订，是按照国务院《国家职业教育改革实施方案》（国发〔2019〕4 号）和《教育部关于职业院校专业人才培养方案制订与实施工作的指导意见》（教职成〔2019〕13 号）等文件要求，对本书内容做了一些改动，以适应新时期中等职业学校培养烹饪人才的需要。

　　为适应职业教育对该专业教学的新要求，这些年各中等职业学校西餐烹饪与营养膳食专业都相应进行了课程改革，努力提高人才培养质量，开发该专业相关教材建设则是推进课程改革的重要保障。当下，饮食文化教育与研究已经走到了烹饪教育的前沿，其重要性更加突出，但介绍西方饮食文化的中职教材相对较少。为打造精品优秀教材，我校再次组织原教材编写组教师，结合这些年的教学实践，重新修订《漫话西方饮食文化》。本书立足于西餐专业中职学生的职业发展和兴趣特点需要，以通俗优美的语言、引人入胜的案例故事，讲述了多彩浪漫的节日仪礼文化，彰显优雅与品位的西餐礼仪，多姿多彩的西餐风味流派，简约自然、异彩纷呈的西餐工艺美术，以及美食、美点、美酒等外国饮食文化，具有趣味性、知识性、实用性和浓厚的文化特色。

　　本书按照"本章提要—学习目标—导学参考—学习内容—章后复习"的体例组织编写。为全面贯彻落实教育部《关于职业院校专业人才培养方案制订与实施工作的指导意见》精神，本书编写结合中职学生的学情特点，遵循难易结合、适度提高的原则，设定合理、有效的学习目标。特别是导学参考的设计，注重学生自主学习、合作探究和活动体验的学习模式，灵活有趣，寓教于乐，特设创意话题，深入浅出，具有可操作性，能有效助力广大师生的教学和学习。

　　本书由朱玉、刘巧燕担任主编，张毅、宋秀梅担任副主编，曾继红、邱卫、慈婧担任参编，本次修订的具体分工是：朱玉负责编写第 7 章，刘巧燕负责编写第 2 章、第 3 章，宋秀梅负责编写第 5 章和附录 1，曾继红负责编写第 6 章，邱卫负责编写第 4 章，慈婧负责编写第 1 章和附录 2。

本次修订，我们收集了部分师生在教材使用过程中提出的宝贵意见，并得到重庆大学出版社及社会各界专家和领导的大力支持，在此深表感谢。由于编者水平有限，书中难免有不足之处，恳请专家和读者提出宝贵意见，以便我们再接再厉，将本书打造得越来越好，为我国烹饪教育事业的发展做出自己的贡献！

编　者

2021 年 5 月

第 1 版前言

随着我国改革开放的不断深入、经济的持续发展和人民生活水平的不断提高，在中、西方文化不断撞击、交融与渗透中，西餐以其优雅舒适的就餐环境，"高大上"的品牌形象树立，标准化、规范化的经营理念，独特、新奇的口味，营养健康的配餐以及西方文化传统的"平等""自由""卫生""隐私"等文化内涵的呈现，受到越来越多的中国消费者的欢迎。目前，西餐产业在中国迅猛发展，它在餐饮业所占的产值、比重和从业人员等指标越来越大，并逐年快速递增。

为满足西餐业快速发展的要求，使中等职业学校西餐烹饪专业能培养出更多、更好的高素质、高技能人才服务于行业发展，教育部于 2014 年正式颁布《中等职业学校西餐烹饪专业教学标准（试行）》。目前，为适应职业教育对该专业教学的新要求，各中等职业学校都在紧锣密鼓地进行课程改革，努力提高教学质量。与此同时，相关教材的开发则是推进课程改革的重要保障。当下，饮食文化教育与研究已经走到了烹饪教育的前沿，其重要性更加突出，但介绍西方饮食文化的中职教材目前还是空白。为此，大连烹饪学校组织语文教研组教师，通过多年的教学实践，针对中职学生的职业需要和兴趣特点，编写了《漫话西方饮食文化》，以指导西餐烹饪专业的中职学生。

就西方饮食文化而言，它是指西方人在长期的食品生产与消费实践过程中，创造并积累的物质财富和精神财富的总和。相对于其他类型的饮食文化，它具有浓厚的历史特点与严格的体系结构，对当今世界现代饮食具有很大的影响。因此，本书在编写上立足于西餐专业中职学生的职业发展和兴趣特点需要，以通俗优美的语言、引人入胜的故事，讲述了多彩浪漫的节日仪礼文化，优雅且有品位的西餐礼仪，多姿多彩的西餐风味流派，简约自然、异彩纷呈的西餐工艺美术，以及美食、美点、美酒等外国饮食文化的侧影呈现，具有趣味性、知识性、实用性和浓厚的文化特色。

本书按照"本章提要—学习目标—导学参考—学习内容—章后复习"的体例组织编写。在全面贯彻落实《国务院关于大力发展职业教育的决定》（国发〔2005〕35 号）精神的指导下，结合中职学生的学情特点，遵循难易结合、适度

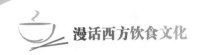

提高的原则，设定合理、有效的学习目标。特别是导学参考的设计，注重学生自主学习、合作探究和活动体验的学习模式，灵活有趣，寓教于乐。特设创意话题，深入浅出。具有可操作性，能助力广大师生教学和学习。

本书由朱玉、刘巧燕任主编，张毅、宋秀梅任副主编，参与编写的有曾继红、邱卫、慈婧等老师，他们是从事语文和饮食文化等教学的骨干教师，具有丰富的教学经验和较高的专业理论水平。在本书的编写过程中，得到了专家、学校及各级领导的指导和大力支持，在此深表感谢。

由于时间仓促，编者水平有限，难免有不足之处，恳请专家和读者提出宝贵意见。

编　者

2015 年 9 月

参考文献

第1章
多彩浪漫的节日仪礼文化

　　西方拥有丰富多彩的节日和人生仪礼文化，这些节日仪礼文化承载着厚重的文化内涵，趣味横生，充满了生活气息和人生启迪，是全世界的精神财富。

　　本章选取多个西方传统节日和人生仪礼，从起源、习俗、美食、传说、仪礼文化等方面着手，介绍了西方节日文化，以此激发学生自主学习的兴趣，提高学生的文化素养。

1.1　西方节日文化

【学习目标】

1. 了解西方重要节日的由来、食俗，并能将它们融入自己的生活中。

2. 能讲述有关节日的传说故事，丰富西方节日文化知识。

3. 熟记节日的相关美食，并尝试制作，与大家分享。

【导学参考】

1. 学习形式：小组合作，做节日专题演讲。各小组主持讲授所选节日的由来、传说故事、食俗等相关知识，并任意选择一个创意话题自主设计，汇报成果。

2. 可选话题：新年、情人节、愚人节、母亲节、感恩节、圣诞节。

3. 创意话题：

①比较中西方情人节的异同。

②感恩节话感恩。

③圣诞节礼物的市场调查。

④可自己创造话题。

4. 成果汇报：演讲形式要灵活多样。可以制作手抄报、主题板报、多媒体课件、绘制图片等辅助手段展示节日相关知识，讲述传说故事要生动有趣。小组成员分工合作，全员参与。

1.1.1　新年（New Year）

1）新年的由来、沿革

现代世界多数国家通行公元纪年，把每年的 1 月 1 日定为元旦，即新年。传说西方元旦节与两面神雅努斯（Janus）有着不解之缘。

雅努斯具有前后两副面孔，一副看着过去，一副注视未来，象征着开始与终结，是善始善终之神。

新年在西方可以说是庆祝历史最悠久的节日，可追溯到公元前 2000 多年的古巴比伦时期。那时古巴比伦人就开始将每年春分后的第一个月定为新年，视为新一年的开始。在这春暖花开、谷物生长的日子里，人们载歌载舞欢庆新年，祈祷一年风调雨顺、五谷丰登。

2）新年的饮食习俗

西班牙人会在新年之夜吃掉 12 颗葡萄，因为每一颗葡萄代表新年的一个月。当 12 点的钟声响起，人们便争先恐后地吃葡萄，如果能在钟声结束时吃完 12 颗，便预示着新年的每个月都会平安如意。以葡萄的酸甜来占卜吉凶祸福，甜味意味着顺利和美好，酸味则反之。

在美国、丹麦、德国，卷心菜、甘蓝菜等绿色蔬菜是新年饭桌上的常客，因为它们绿油油的叶子和钞票的颜色一样，吃下它们就代表来年财运滚滚。

新年有幸运食物，同时也有一些不吉利的食物是千万不能吃的。比如龙虾，因为它总是倒着爬，在新年吃它象征倒退，会给人带来不好的运气。同时，新年还应尽量避免吃带翅膀的家禽，因为它们暗示幸运会飞走。

1.1.2　情人节（Valentine's Day）

1）节日传说

瓦伦丁节，又称"情人节"，是西方国家的传统节日之一，现在已风靡全球。关于"情人节"的传说众说纷纭，较为流行的说法与罗马神父瓦伦丁有关。

公元 200 年前后，罗马帝国征战频繁，为了获得优良的兵源，让更多的年轻男子无所牵挂地投身战场，罗马皇帝克劳狄二世下令禁止青年男女结婚。神父瓦伦丁反对这一没有人性的命令，秘密地为相爱的年轻人举行教堂婚礼。事发后，瓦伦丁被捕入狱，于公元 270 年 2 月 14 日被处绞刑。后来，人们为了纪念慈爱正义、为天下有情人而牺牲的瓦伦丁神父，就开始纪念这个日子，中文译为"情人节"。

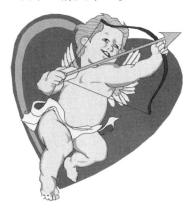

2）习俗文化

象征浪漫爱情的玫瑰是情人节最受追捧的礼物，是情侣间互致爱意的信物。玫瑰英语是"Rose"，在拉丁语系中读为"洛斯"。传说花神佛洛拉对爱神阿摩尔并没有男女之情，而且躲了他很长时间。一天，爱神用爱情之箭射中了她，从此佛洛拉便爱上了他。可是，后来爱神喜新厌旧，抛弃了花神。花神伤心欲绝，决定创造一种会哭、会笑，集悲喜于一身的花以解相思之情。于是，花神创造出了玫瑰花，当她看到

自己创造出的东西时，惊喜地喊出心爱之人的名字"厄洛斯"（希腊人对爱神的称呼），因为花神非常腼腆，当时又激动，就喊成了"洛斯"把"厄"字漏了，所以，这花的名字便叫"洛斯"。

每到情人节，玫瑰更是身价倍增，是热恋情侣表达爱意的首选之物。

在美国，如同其他的传统节日一样，情人节已经形成了丰富多彩而又别具特色的节日饮食文化。传统的情人节食物有糖果、巧克力、奶油蛋糕及饮料等。所有甜点的色彩大都采用情人节的流行色——大红、粉红或白色，形状则常常是心形。

1.1.3　母亲节（Mother's Day）

母亲节，是一个感谢母亲的节日。这个节日最早出现在古希腊，而现代的母亲节起源于美国，是每年 5 月的第二个星期日。

1）节日起源

1876 年，美国还沉浸在悼念南北战争死者的氛围里。安娜·查维斯夫人在礼拜堂讲授美国国殇纪念日的课程，讲到战役中捐躯的英雄故事后，她进行祈祷说："但愿在某处、某时，会有人创立一个母亲节，纪念和赞扬美国与全世界的母亲。"当她在 72 岁逝世时，她的女儿安娜，立志创立一个母亲节，来实现母亲生前的心愿。功夫不负有心人，1907 年 5 月 12 日，安德烈卫理教堂应安娜之邀为母亲们举行一个礼拜仪式。隔年，此仪式在费城举

行，反响热烈，终于获得弗吉尼亚州州长的支持，并于 1910 年宣布在该州设立母亲节。1913 年 5 月，美利坚合众国众议院一致通过决议，号召总统及内阁参众两院和联邦政府的一切官员一律在母亲节佩戴石竹花。1914 年，美利坚合众国国会正式确立每年 5 月的第二个星期日为母亲节，并昭告全国公民在自己的住宅上挂国旗以表达人们对美利坚合众国全体母亲的热爱和尊敬。伟大的母爱是人类最温暖的力量，受到全世界的尊崇，由此庆祝"母亲节"的活动席卷美国，而且漂洋过海遍布世界的每一个角落，成了一个名副其实的国际性节日。

2）节日习俗

这一天，很多家庭的丈夫和孩子都把家务活承担下来，让母亲从家务活中解放出来。母亲不需要做饭，不需要洗碗，也不需要洗衣服，有的家庭还有伺候母亲在

床上吃饭的惯例。人们向母亲赠送礼物和卡片，想尽办法让母亲可以快乐地过节，感谢和补偿她们一年的付出和劳动。人们赞美母亲的伟大，歌颂母爱的温暖。

世界上的一切光荣和骄傲，都来自母亲。

——高尔基

慈母的胳膊是由爱构成的，孩子睡在里面怎能不香甜？

——雨果

全世界的母亲是多么的相像！她们的心始终一样，每一个母亲都有一颗极为纯真的赤子之心。

——惠特曼

我给我母亲添了不少乱，但是我认为她对此颇为享受。

——马克·吐温

我的生命是从睁开眼睛，爱上我母亲的面孔开始的。

——乔治·艾略特

1.1.4　感恩节（Thanksgiving Day）

感恩节为美国首创，又是加拿大与美国共同的节日（彩图2）。美国的感恩节时间设在每年11月的第四个星期四，而加拿大的感恩节定在每年10月的第二个星期一。原意是为了感谢上天赐予的好收成，感谢印第安人的帮助。现在感恩节的寓意更加丰富，引申为感恩生活、感恩父母、感恩所有给予你帮助的人。

1）节日习俗

每逢感恩节这一天，美国举国上下热闹非凡，基督徒按照习俗前往教堂做感恩祈祷，城市乡镇到处都有化装游行、戏剧表演或体育比赛等。

一篮子食物的习俗，来自一群善良的年轻妇女。她们想在一年中选一天专门做好事，并认为感恩节是最合适的时间，所以感恩节一到，她们就装上一篮子食物亲

自送到穷人家。这件事逐渐传播，人们纷纷效仿，在感恩节那天挨家挨户分发食物，途中不管遇到谁，都会热情地说："Thank you!"

2）节日食物

感恩节的食物极富传统色彩。火鸡是人们首选的美食，也是感恩节的传统主菜。在感恩节，许多人喜欢带上猎枪亲自捕猎火鸡，为节日增添情趣。

火鸡的吃法也有一定讲究。端上桌后，

由男主人用刀切成片分给大家，然后每个人自己浇上卤汁，撒上盐。感恩节的食物除火鸡外，还有红莓果酱、甜山芋、玉米、南瓜饼、沙拉和自己烘烤的面包及各种蔬菜、水果。

如今的感恩节餐桌上，传统食物已不再是主要的内容，但火鸡和南瓜饼仍是不可或缺的，还有鹅、鸭、火腿、马铃薯、豌豆、海鲜等，除此之外，还有丰富的水果，如苹果、橘子、胡桃、葡萄等。

1.1.5 圣诞节（Christmas或Cristo Messa）

圣诞节，又名耶诞节，是为纪念耶稣诞辰而设的节日。

1）圣诞老人

身穿红色和白色衣服的圣诞老人是圣诞节最受欢迎的人物，在平安夜临睡之前，孩子们在壁炉前或枕头旁放上一只袜子，等候圣诞老人在他们入睡后把礼物放在袜子里。那个总是悄悄给孩子们分发礼物的圣诞老人，给孩子们带来了很多期盼和欢乐。

2）圣诞大餐

圣诞大餐，在美国是吃火鸡，在英国是吃烤鹅，而在澳大利亚，人们则喜欢在圣诞夜里，全家老小、亲朋好友成群结队地到餐馆去吃一顿圣诞大餐，其中，火鸡、腊鸡、烧牛仔肉和猪腿是必不可少的，同时伴以名酒，大家吃得欢天喜地。现在越来越多的人在圣诞夜到酒店用餐，这给酒店带来了难得的商机，纷纷推出各种创意圣诞食品，如姜饼、糖果等。

圣诞前夕，即12月24日夜晚，人们称之为平安夜。如今中西文化日益融合，平安夜已成为世界性的节日。

西方的平安夜，就好像中国的除夕夜，人们不管身处何地都会想方设法赶回家中，与家人团聚，共进晚餐。一家人围坐在熊熊燃烧的火炉旁，弹琴唱歌，共叙天伦之乐，或者举办一个别开生面的化装舞会，通宵达旦地庆祝。平安夜是一个幸福、祥和、狂欢的团圆夜。平安夜，父母会悄悄地将给孩子们准备礼物放在长筒袜里。

1.2 西方人生仪礼食俗

【学习目标】
1. 了解西方人生仪礼，体会成人礼、婚礼、生日礼中蕴含的文化及习俗。
2. 掌握人生仪礼中的食俗，深入了解西方饮食文化。

【导学参考】
1. 学习形式：以小组为单位，查阅资料，自学研讨。
2. 研讨任务：
①比较中西方成人礼的异同。
②西方婚礼中戒指的由来。
③蛋糕的种类和制作方法。

古今中外，任何人的一生，都要度过各阶段，各阶段都有相应的仪礼。因此，了解成人礼、婚礼、生日礼等人生仪礼，对了解西方文化有着重要的意义。在这些特殊的日子里，亲朋好友都会应约而至，献上最美好的祝福。

1.2.1 成人礼

成人礼用英文可表示为"Debutante"，这个词源于法国。工业革命以前，欧洲上流社会，家庭富有的女孩子在成年之前大部分没有机会接触异性，也不会去公立学校上学，因此家长会为她们找私人教师。女孩子到了一定的年龄，就会穿上礼服，盛装打扮一番，然后去参加舞会。

11月是西方的"社交季"，而巴黎成人礼舞会是这个季节中唯一一个向全世界开放的舞会。它的前身是"名门千金成年舞会"，巴黎成人礼舞会至今已举办了20多年，虽然正式舞会只有4~5小时的时间，女孩们却要花上30多小时来准备舞会上的亮相。她们的舞伴，出身和地位也同样显赫。

成人礼舞会最开始只在英国宫廷内部举办，对参与者的挑选是十分严格的，只在少数几个富有家庭中挑选，对象是刚过18岁、外表出众、有学识的女孩子，通过舞会，把她们介绍给王室成员或官员。参加舞会的少女装束也体现了英国皇室一贯的庄严和优雅——她们必须穿白色长袍、戴手套、束发冠、统一装束，才能进入舞会现场。

1.2.2　婚礼

由于东西方文化交流频繁，西方人结婚时的很多习俗，我们也逐渐熟知。西方的婚礼场面既美丽浪漫又欢快热闹，下面我们就简单介绍西方婚礼用品和名词的来历。

（1）戒指

戒指在西方男女关系中有重要的意义。戒指分订婚戒指和结婚戒指。

①订婚戒指。根据西方风俗，在很久以前，订婚戒指只是男方送给女方聘礼的一部分。

②结婚戒指。结婚戒指要戴在左手的无名指上，据说这根手指上的神经与心脏直接相连，将结婚戒指戴在左手，就等于把爱人放在了心里。

有关订婚、结婚戒指的来历，据说是古代抢婚制演变的结果，当时，男子抢来其他部落的女子就给她戴上枷锁，经过演变，枷锁变成了现在的戒指。男子给女子戴戒指表示她已归我所有。另一个说法，世界上第一个把戒指当作订婚信物的人是奥地利王麦士米尼。1477年，麦士米尼在一次公开场合认识了玛丽公主。公主美丽的容貌、优雅的举止深深吸引了麦士米尼。麦士米尼虽然知道玛丽早已许婚于法国王储，但是为了赢得爱情，麦士米尼还是决定试试运气，他命人专门打造了一个钻石戒指送给玛丽。面对这枚闪闪发光、精心打造的钻石戒指和麦士米尼的热烈追求，玛丽终于改变了初衷，与麦士米尼幸福地生活在一起。从此，以钻石戒指为订婚信物便成为西方的传统。

（2）爱匙

爱匙也是西方男女的定情之物。威尔士男子的大部分时间都是在海上度过的，他们会挑选上好的木料，亲手雕刻一把爱匙。它象征着爱情、忠诚、财富和奉献。爱匙的样式和所刻图案丰富多彩、形状各异，每把都有独具匠心之处。威尔士男子从海上归来后，就会把这把爱匙送给心仪已久的女孩，代表浓浓的爱意。如今，爱匙仍是爱情的象征，它不仅能作为定情信物，还能作为生日、结婚纪念日或其他特殊场合的礼物。

（3）白色婚纱

白色婚纱在维多利亚时代最流行，当年维多利亚女王就是穿着白色婚纱嫁给心上人的。从此，白色婚纱风靡世界，直到现在仍然是最受女孩们喜爱的结婚礼服，因为白色婚纱象征着纯洁和忠贞。而在维多利亚女王之前，新娘穿衣服并不看重颜色，哪怕是黑色礼服也可以。

（4）穿新戴旧，带金带蓝

新娘结婚时除了要穿婚纱外，还要带一双已婚女士送的旧吊带袜、一枚借来的象征着太阳的金币，以及一件象征着月亮的蓝色物品。据说只有这样做，才会有好运降临。

（5）婚礼面纱

婚礼面纱用来遮盖新娘的脸，以防她的旧情人看到后嫉妒心起而搅黄了婚礼。

（6）马蹄铁

在英国和其他西方国家，新娘常用绸带将马蹄铁拴在自己的手腕上。传说中马蹄铁有避邪的作用。现在，马蹄铁也是好运和多子多福的象征。

（7）过门槛

在婚礼中，蜂蜜被涂在婚房的门槛上，新郎要将新娘抱起跨过门槛，这是为了不让新娘的裙子沾上蜂蜜，也寓意他们的婚姻可以很甜蜜。还有一种说法，将上好的油和香草涂在门槛上，为了防止新娘滑倒，新郎将新娘抱起跨过门槛。

（8）婚礼宴会

伴郎和伴娘也必须精心打扮一番，为了欺骗新郎和新娘的旧情人，使他们无法认出新郎和新娘，婚宴便可以顺利进行。还有一种说法是为了欺骗邪恶的精灵，防止它祸害新人。

（9）抛撒糖果

婚礼中还经常撒裹糖的杏仁，意味着婚姻有苦也有甜。抛撒的糖果必须是奇数，这样可以给新人带来好运。

（10）抛花束

新娘背对着大家向后抛掷花束，谁有幸接到了，谁就是下一位要结婚的人。捧花源于一种古老的习俗观念，西方人认为，气味浓烈的香料及香草可以保护婚礼上的人免遭伤病的侵害。后来这一习俗流传下来，逐渐有了更多的意义。流传最广的一个说法莫过于未婚女子接到新娘的捧花就会获得祝福，会是下一位要结婚的人。

（11）结婚蛋糕

以前，结婚蛋糕的最上层要特意保留下来，藏在新房的床下，祈求新娘可以多生几个孩子。1年后，新郎新娘将蛋糕取出，一同吃下。这将保佑他们身体健康，好运连连。不用说，这一习俗现在早已经不流行了，但还是有一些新婚夫妇将蛋糕放在冰箱里存起来，等到第一个结婚纪念日时再来共同分享。

（12）蜂蜜酒

结婚当天晚上，新郎新娘要共同喝下蜂蜜酒，这是中世纪流传下来的习俗。据说喝了蜂蜜酒，就可以多子多福。如果新娘在 10 个月后就生下了孩子，这对酿造蜂蜜酒的人来说将是极大的荣耀。酿酒师的名声也会变大，生意也将越来越好，而且酿酒师的名字还会成为刚出生的婴儿的名字。

1.2.3　生日礼

希腊人相信每个人都有精灵保护，精灵会照顾他一生一世。这个精灵跟某一个神有密切关系，而精灵所照顾的人正是在这个神的生辰出生的。罗马人也有一样的看法。这个观念流传了下来，至今还可见有关守护神的传说故事。

庆祝生日的各种习俗源远流长，在古代，祝贺、送礼、庆祝、点燃蜡烛等习俗，是为了保护当天满周岁的人不会被邪灵伤害，并确保他在未来的一年健康平安。

在蛋糕上点燃蜡烛的习俗来源于希腊。希腊人在似圆月亮般的蜜饼上点燃小蜡烛，然后放在阿尔忒弥斯神的庙里，以侍奉这个月神。因为人们相信，在生日点燃的蜡烛具有神奇力量，能够实现愿望。自人类开始设坛祭神以来，点燃蜡烛或燃起祭火已有神秘的特殊意义。点燃生日蜡烛是向过生日的孩子表示敬意，能为孩子带来幸运。道贺和祝福都是不能缺少的环节。生日贺词能够给人带来好运和厄运。因为在生日这一天跟恶魔离得比较近。

生日蛋糕主要分为鲜奶蛋糕、慕斯蛋糕、奶酪蛋糕、巧克力蛋糕、水果蛋糕等。

一、知识问答

1. 西方有哪些重要的传统节日？

_____。

2. 现代的母亲节起源于_____，是每年_____月的第_____个星期日。

3. 在如今的感恩节餐桌上，传统食物已不再是主要的内容，但_____和_____仍是不可或缺的，还有鹅、鸭、火腿、马铃薯、豌豆、海鲜等，除此之外，还有丰富的水果，如苹果、橘子、胡桃、葡萄等。

4. 平安夜，父母会将悄悄地给孩子们准备的礼物放在_____里。

5. 婚礼面纱，用来遮盖_____，以防她的旧情人看到后嫉妒心起而搅黄了婚礼。

6. 白色婚纱风靡全世界，因为它象征着_____和_____。

二、思考练习

1. 比较中西传统节日的特色食俗，说说我们今后该如何发展？
2. 讨论举办成人礼的意义。

三、实践活动

为父母的结婚纪念日或者生日设计一款蛋糕。

第2章
彰显优雅且有品位的餐桌礼仪

  餐桌礼仪规范着人们的言行举止，使之得体适度，悦人悦己，营造和谐美好的人际关系。餐桌礼仪考量着一个人的品位涵养，考量着一个人的见识能力，也考量着一个人的信用度。仅吃相这一生活细节就能透视你的生活背景、品行修养、生活态度和工作能力。餐桌礼仪是人生不可不修的一门课业，也是职场竞争中必须储备的知识。餐桌礼仪是百年积淀的文化，是一种长期修行的行为习惯，需要我们从一日三餐中修习养成。

  本章分为"餐桌造诣，信用可期""武士刀叉，优雅使用""各种料理，花样吃法""粗蛮举止，礼仪禁忌"4节，主要介绍了日常生活中的西餐饮食礼仪、西餐刀叉等各种餐具的使用、西餐中各种料理的食用礼仪及西餐中的礼仪禁忌。本章我们将透过餐桌礼仪来领略西方古老的礼仪和文明历史，学习践行做一个有修养、讲文明的人。

  本章的学习采用图片辨识、观看餐桌礼仪的视频、表演体验等方法，让学生在实践活动体验中感受西方灿烂的餐桌礼仪文化，养成良好的文明习惯。

2.1 餐桌造诣，信用可期

【学习目标】
1. 熟知西餐礼仪文化，并在实践中掌握要领，习得优雅文明的礼仪。
2. 养成文明的生活习惯，塑造良好的形象，提升自身的品位修养。

【导学参考】
1. 学习形式：小组合作学习餐桌礼仪知识，掌握要领。
2. 研讨任务：观看西餐礼仪视频，给予正确的形象引导，交流观感。
3. 成果汇报：小组合作，分角色表演各项礼仪，并自评互评，指出正误。

　　走进环境优美的高档西餐厅，你在举手投足间已不经意地展现了个人的修养品位。或者与爱侣共进浪漫晚餐，或者与朋友共享快乐时光，或者与客户进行一次难得的商务会谈……珍惜每一次美好的机缘，不要因为粗陋的举动扫了别人的兴致，更不要因为不得体的言行丧失了他人的信任，尤其是生意场上的商务宴会，点滴细节都要完美呈现，因为不雅的吃相而失去机会是最令人痛惜的事情。

　　如何以练达的礼仪来塑造良好的个人形象，赢得他人的尊重，也给他人带来快乐交流的享受？

2.1.1 美好的餐宴请从预约开始

　　在西方国家，越高档的饭店越需要事先预约。预约时，请记得告知对方参加宴会的时间和人数，表明是否要吸烟区或视野良好的座位。如果是生日或其他特别的日子，可以告知宴会的目的和预算。守约守时，在预定时间内到达，是基本的礼貌。当你抵达时，侍者会恭候出迎。这样一个简单的小举动不仅使你免去了因客满等候的麻烦，还让人感受到你是个做事思路清晰，有条理、有计划的人。这是达成信赖的开始。

2.1.2 绝不是可有可无的细节

　　一进门就先将外套、帽子、围巾、雨伞、大小包裹全交给衣帽间的侍者，女士也只拿皮包和披肩即可。这样做的寓意是不将外面的灰尘带进餐厅。这不是可有可无的细节，而是表现一个人是否有公德心、在公众场合是否会顾念他人的需要、是否拥有良好的卫生习惯。

2.1.3　开门见礼，女士优先

进餐厅门时，男士就有了展示绅士风度的机会。如果有侍者带位，应请女士随在侍者后面先走，男士走在最后。就座时，侍者替女士拉椅子，男士正立等待，女士坐下后，男士才坐下。别小看了这慢 3 秒的等待，一位男士的绅士风度尽在其中。

2.1.4　衣冠楚楚，风度翩翩

到高档西餐厅就餐，衣着得体也是基本的礼仪常识。一般男士要穿整洁的上衣，打领带或领结，穿皮鞋，女士要穿套装和有跟的鞋。这里的整洁不是昂贵，质地普通而整洁的正装也是不俗的表现。记住，再昂贵的休闲装，也不能随意穿着出入西餐厅。进餐过程中，不能整理衣襟，更不能解开纽扣或当众脱衣，女士不能在餐桌边化妆。如果主人请客人宽衣，男客人可将外衣脱下搭在椅背上，切记不要将外衣或随身携带的物品放在餐台上。

2.1.5　恰当定位，不失礼仪

到了餐厅后，如何确定自己的座位是个很费思量的问题。如果弄不清状况，就冒冒失失地坐到"上位"，是很失礼的，甚至会影响宴会气氛，破坏人际关系。那么哪里是"上位"，哪里是"下位"呢？这虽然没有固定的规定，但各国惯例是远离厕所和门口的座位或背靠墙的僻静位置或面对窗外美景的位置为"上位"。一般先将主宾、长辈、尊者请到"上位"，其他人依次落座。最得体的入座方式是从左侧入座或离席。当椅子被拉开后，身体在几乎要碰到桌子的距离站直，侍者会把椅子推进来，腿弯被后面的椅子轻轻触碰时，就可以从容优雅地坐下来了，或手扶椅背来掌控椅子的位置，而不是紧张兮兮地回头看椅子的位置，这样会给人不成熟、不娴雅的印象。请在入座前摆好椅子的位置，不能坐在椅子上随意搬动，这是不符合礼仪规范的。

2.1.6　坐姿端正，神采奕奕

坐姿是餐桌礼仪最重要的内容。端正挺直的坐姿，神采奕奕的精神，传递给人的信息是：你很快乐，充满热情和诚意……这些肢体语言所传递的美好愉悦的情绪会感染你的朋友，使宴会充满愉悦和乐的气氛。切不可弯腰垂头，一副百无聊赖、懒洋洋的神态，这慵懒的姿态给人既傲慢又无兴致的感觉，会伤害他人的尊严和情感，也意味着你可能永远失去被邀请的机会，万万要不得。不过挺直腰背、抬头挺胸时也要持之有度，要自然优美，落落大方，肩膀要放轻松，不可僵硬地端着肩，俨然一尊不苟言笑的门神，使宴会气氛紧张、毫无生趣。端直优雅的坐姿是一种长期养成的生活习惯，真正的绅士、淑女即使在日常生活中也会挺直腰背，保持应有的礼仪。

2.1.7　举手投足间的涵养

用"手足无措"来形容举止慌张，不知如何应对，真是再恰当不过了。就餐时，一些不熟悉西餐礼仪的人往往顾此失彼，顾全了桌面上的礼仪，桌下就"手足无措"了。国际标准的手势礼仪是双手轻握靠在桌边。这种将双手手腕靠在桌边的礼仪有着久远的历史渊源。

相传中世纪的意大利，群雄逐鹿，烽火狼烟。为了争夺土地，争夺权位，人们钩心斗角，甚至不惜朋友相害、骨肉相残，即使在聚餐的时候，也心怀猜忌，怕遭人暗算，于是有了这样一个共同的约定，用餐时所有人一律将手放在桌子上，向对方表明自己赤手空拳，没带任何可以伤害对方的武器，以此表示和平友善的诚意。

现在用这种姿势是因为对方会从你从容的手势和随之而来的挺直前倾的姿态中，看到成熟、优雅和真诚。以往有人以双手放在膝盖上表示文雅，其实这种姿势像个小女生，太拘谨，不够大气，已经不入时尚的潮流了。在餐桌上最忌讳的是将臂肘支在餐桌上，双手或一只手托着下巴。这是一个非常粗鄙无礼的姿势，有失涵养和品位。

用餐时，双脚自然平放就好。禁忌跷二郎腿、抖脚、伸长腿侵占别人的空间、双腿敞开，或脱鞋子等不雅动作。不要以为脚在桌子底下别人就不知道，就可以恣意妄为，往往让你露出马脚，暴露你粗俗的细节就在这里。中国台湾国际礼仪专家陈弘美女士说："人的品格在桌子下。"诚然如斯，精辟！不过，在餐后喝咖啡、餐后酒时，可以放松些，若是还那么正襟危坐，会显得呆板。收放自如、拿捏恰当是一种智慧涵养。

2.1.8　点菜中的智慧与品位

点菜是一门生活艺术，最能展现人的品位、见识和餐桌造诣。一个见多识广的人能潇洒自如地组合出一套可心的餐点。其中的品位涵养不言而喻。

西餐点法一般分为套餐和随意点。

正式的全套餐点上菜流程如下：

①前菜。

②汤。

③鱼。

④肉类。

⑤乳酪。

⑥甜点和咖啡。

⑦水果。

此外，还有餐前酒和餐酒。

不过，即使点套餐也不必照单全收，点多吃剩反而失礼。一般来说，前菜、主菜（鱼或肉），加甜点是最恰当的组合。点菜时，首先确定最想吃的主菜，再配上适合的前菜和汤。也不必拘泥于菜单，你还可以调换一些内容，将炸改成煎，或将牛肉改成羊肉等都是可以商量的。初次造访的餐厅，点套餐既可免去搭配组合的麻烦，又可吃到餐厅的特色菜和应季时鲜菜，而且价格清楚，可量力消费，以免误撞雷区，钱包受累。

餐桌造诣深厚、经验丰富的高手不妨展现一下个性品位，采取随意点、自由组合菜式。随意点的组合通常是一道前菜、一道主菜，晚餐的话，再加一道汤或意大利面、饭之类即可。前菜是必点的，因为前菜是开胃菜，是厨师绝技的精华。随意点一般至少点两道菜，不然，会令人扫兴。菜品的组合原则是不点相同的食材、口味和烹调方法的菜品。另外，要想吃到最时鲜的美味，一定要关注餐厅的"今日主厨推荐"。

2.1.9　再好吃的东西也要"独吞"

吃中餐是大家分享，夹菜谦让是对朋友的礼敬。而吃西餐恰恰相反，再好吃的东西也一定要"独吞"。在正式的场合，绝对不能互相传递食物。如果想与朋友分享的话，点餐时就事先吩咐侍者把食物分成两份。

2.1.10　不懂就问，不懂就"托管"

吃西餐，点酒是很有学问的。不要说酒与菜肴的搭配艺术，单酒品本身就五花八门，令人眼花缭乱。点酒时，不懂没关系，尽可咨询酒侍，千万不要不懂装懂。最好把自己点的菜品、预算、喜爱的酒类口味告诉酒侍，交给调酒师选配好。最基本的原则是红酒配红肉，白酒配海鲜；菜肴用什么酒烹制就点什么酒；也可搭配菜肴喝不同的酒，按照先薄后浓、先轻后重、先凉后温、先干辣后甜香的顺序，喝出节奏韵律，适量而饮。如果对酒一窍不通，万能的应对方法是点一杯香槟酒。香槟酒是西餐中的百搭王子，是高品位的享受。值得提示大家的是：开启香槟酒可不能像美国电影里或狂欢的场景中那样，"砰"的一声，昭告天下，尽人皆知。在西餐厅，香槟酒一定要悄无声息地开启。

2.1.11　只说"OK"的礼仪细节

酒侍会先将少量的酒倒入酒杯，请客人品鉴。只需把它当成一种形式，喝一小口并回答"Good"，如果客人说"No"，侍者会另换一瓶，再请客人品尝。已经开启的酒就等于赠予餐厅，算你"请客"，账单可是要照付的哦。酒侍倒酒时，不要用手拿起酒杯，自然放在桌上就好。酒杯的位置是在餐盘的右上角，喝完酒再放回去。喝酒时，只用拇指、中指和食指握住杯脚，不要握住杯身，以免手温增高酒温。绝对不能吸着喝酒，也不能猛烈摇晃或搅动杯子，可轻轻摇动酒杯让酒与空气接触以增加酒味的醇香，此外，一饮而尽、边喝边透过酒杯看人、拿着酒杯边说话边喝酒、吃东西时喝酒、口红印在酒杯沿上等，都是失礼的行为。不要用手擦杯沿上的口红印，用面巾纸擦较好。在正式场合"干杯"，只需要将酒杯举到眼睛的高度，无须碰杯。

2.2 各式刀叉，优雅使用

【学习目标】

1. 熟知西餐礼仪文化，掌握刀叉及各种餐具的使用方法，并能熟练得体地使用。
2. 养成文明的生活习惯，塑造良好的形象，提升自身的品位修养。

【导学参考】

1. 学习形式：小组合作，学习刀叉及各种餐具的使用方法，掌握要领，练习操作。
2. 成果汇报：以小组为单位，领取表演任务书，选出代表上台展示，各组互评，点评正误。

琳琅满目的西餐餐具各就其位，各司其职，使用起来按部就班，章法颇多，这对习惯用一双简单的筷子解决所有餐桌问题的国人来说，多少有点婆婆妈妈，看着各式各样的刀、叉、杯、盘齐刷刷一字排开，明晃晃的，一副"耀武扬威"的阵势，还真有点手足无措。但是，不用紧张，凡事掌握规则便可熟能生巧。

2.2.1 餐桌上的"虎威将军"

现在就一起来认识一下餐桌上这些"虎威将军"吧。

①装饰盘	②餐巾	③汤匙
④前菜用刀	⑤前菜用叉	⑥鱼用刀
⑦鱼用叉	⑧肉用刀	⑨肉用叉
⑩面包水果用刀	⑪甜点用叉	⑫咖啡汤匙
⑬面包盘	⑭香槟杯	⑮红酒杯
⑯白酒杯	⑰水杯	

漫话西方饮食文化

2.2.2　各就其位，各司其职

　　西餐餐具的摆放是根据上菜先后顺序从外到内摆放的。每上一道菜，就从左右最外侧各拿一副刀叉。吃完后，将刀叉放在盘上，侍者就会收走。刀叉使用的基本原则是右手持刀或汤匙，左手拿叉。刀叉的拿法是轻握尾端，食指按在柄上。汤匙则用握笔的方式即可。使用刀叉时，要轻拿轻放，不可发出声响。讲话时，不能挥舞刀叉，说三道四。用餐时，不能碰撞杯盘，也不能移动餐盘与同伴交换餐点。切割食物时，只切一口大小，并要一口吃下，不能咬一半留一半。吃体积较大的蔬菜时，可用刀叉折叠、分切。较软的食物可放在叉子平面上，用刀子按压整理一下。

2.2.3　无声的餐桌语言

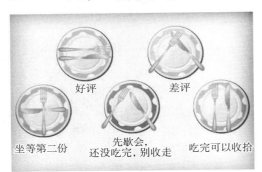

好评　　　　差评

坐等第二份　　先歇会，　　吃完可以收拾
　　　　　　还没吃完，别收走

　　在西餐厅，刀叉的摆放就是一种无声的餐桌语言。用餐时，你无须大呼小叫地召唤侍者，侍者会通过你刀叉摆放所发出的信号，及时地收走用完的盘子，给你一个周到贴心的服务。

　　刀叉的摆法有多种不同的含义：有休息时摆法、中途加餐摆法和用毕时摆法等。

　　如彩图4所示：1是休息时的摆法；2是中途加餐时的摆法；3是用毕时的摆法；4是表示对美食与服务很满意，是好评；5是对本次服务不满意，是差评。另外，刀叉的摆法还有英式和法式的区别，一般主流是法式，中国的食客多用法式摆法。喝完汤，汤勺横放在汤盘内，匙心向上，也表示用汤餐具可以收走。

2.2.4　公德婆心，有礼有爱

　　有些食物是盛放在一个食器里，摆放一个公匙，方便大家分餐。取食时，右手拿匙盛取食物在下，左手用叉背在上面按压着，取食放到自己的盘里。然后将盘里的食物聚拢在中间，将匙盖在叉上面向下放回盘内。如果你能细心地将叉和匙的握柄朝向同伴，你的修养便与众不同，你的亲和友善会使宴会温暖而美好。在社交场合中聚餐，使用公匙分食是一种文明的社会风尚，有益于公共卫生安全，现在我们国家也大力提倡使用公匙。

2.2.5　餐巾，处处给你贴心呵护

　　落座后，首先摆在面前的是餐巾，看上去有点障眼，赶紧取下，往内褶1/3，让2/3平铺在腿上。有人把餐巾塞入领口垂放在胸前，看上去像婴儿的肚兜，很搞笑，这是不可取的做法。餐巾的取放也是女士优先，女士取下后男士才取。如果宴会有主

人、主宾致辞时，要等致辞完毕干杯后，主人、主宾拿取餐巾后，其他人才能拿取。暂时离席时，可以将餐巾简单折放于餐盘旁边或座位上。最后散席时，要等主人和主宾把餐巾放回桌上，其他人才可将餐巾放在桌上离席。切忌在其他人还在用餐时将餐巾放在桌上，做出要走的示意，这是很不礼貌的举动。因为餐巾是藏污纳垢的东西，怎么能与人共享美餐呢？就好像别人正在吃饭，你却亮出令人作呕的臭袜子之类的脏东西。餐巾是大家都要离席的最后一个动作。离席时，餐巾的折叠也大有讲究。简单折起放在咖啡杯的左边就好，切勿折叠得过分整齐，那样会产生误会。离席的餐巾折叠过分整齐表示你对这家餐厅不满意，谢绝再来。

不管多么精致的餐巾都是擦脏的，可以尽情使用，但使用时的细节却能表现出一个人的文化涵养。例如，用餐巾擦嘴时，抓起餐巾去揉擦嘴巴和用单手拿起餐巾的一角轻轻地按压嘴角，给人留下的印象完全不同。有人觉得频频擦嘴很文雅，其实正是因为你吃得粗蛮，才会弄得满嘴油污，这样做正暴露了你的不雅吃相。女士喝酒前可用餐巾按压一下嘴唇，以免口红涂抹在酒杯上。餐巾的使用贯穿宴会的始终，用途多多。用餐时，如果吃到了细小的骨头，可用餐巾遮掩着口取出；如果遇到忍不住要咳嗽、打喷嚏这样意外的事情，赶紧侧过脸，用餐巾遮掩着，低调地处理一下，并向身边的人致歉。在餐厅处处都能用餐巾，但不能用餐巾擦鼻涕、擦汗、擦脸。

2.2.6 别误喝了洗指水哦

有时聚餐会吃到一些带骨且较难剔下的肉食，或吃一些带壳的虾蟹、生牡蛎等海鲜食物，需要手指和刀叉并用。吃完后，侍者会端来一碗飘着花瓣或柠檬片的温水，叫洗指水，可不是洗手水哦，你若伸进两手痛快无忌地搓搓，之后再甩净手上的水珠，可就太不雅观了。淑女的洗指礼仪是一次只能单手入水，只洗三根手指，并且只洗到第二个指节，洗过用餐巾擦净。所有的过程都要悄无声息地进行，不能稀里哗啦惊扰四邻。在西餐桌上，洗指、擦嘴的动作都要尽量做得低调。千万别认为洗得很优雅就可以"秀"给大家看，因为吃相最优雅的人根本不用洗指水，而是练就了十分娴熟的刀叉功夫。

不熟悉西餐礼仪的人，常常误把洗指水当饮用水喝了，结果造成很尴尬的局面。

有一次，英国王室为了招待印度当地居民的首领，在伦敦举行晚宴，当时还是"皇太子"的温莎公爵主持这次宴会。

宴会中，达官贵人们觥筹交错，相与甚欢，气氛融洽。可就在宴会结束时，出了一件小小的意外。

侍者为每一位客人端来了洗指水，印度客人对西餐礼仪并不熟悉，看到那精巧的银制器皿里盛着亮晶晶的水，还以为是喝的水呢，就端起来一饮而尽。作陪的英国贵族目瞪口呆，不知如何是好，大家纷纷把目光投向主持人。

只见温莎公爵神色自若，一边与客人谈笑风生，一边端起自己面前的洗指水，像客人那样"自然而得体"地一饮而尽。接着，大家也纷纷效仿，本来要造成的难堪与尴尬顷刻释然，宴会取得了预期的成功，宾主双方都非常高兴。

2.2.7　一举两得的鱼叉匙

　　鱼叉匙是西餐餐具的一次变革创新。它的样子像汤匙，只是左边被打磨成锋利的刀刃状，既可切鱼肉，又可舀鱼汁，是鱼刀和汤匙的完美结合。鱼叉匙的摆法有两种：一种是和鱼刀一起，摆放在右边；一种是取代鱼刀，单独放在右边。有鱼刀就先用鱼刀切下鱼肉，再用鱼叉匙将酱汁拌在鱼肉上，然后舀起来放进嘴里。操作过程中，左手要拿着叉子配合。没有鱼刀，就用鱼叉匙左边的刀刃切鱼肉，用汤匙拌酱汁食用。与肉刀不同的是，鱼刀和鱼叉匙要轻轻拿起。

2.2.8　手是最灵便的"刀叉"

　　吃西餐时，最灵活的辅助餐具便是你的双手。有些食物可直接用手拿着吃，使用刀叉反而显得笨拙土气。前菜上桌前餐厅会赠送大家一份"咸点心"，让大家在喝酒前进补一点食物，以稳住急切的心情，保护胃膜。这份"咸点心"可直接用手拿着吃，并且要一口吃下去，不能假装斯文，咬一半留一半。吃比萨有时也要手来帮点忙，甚至是手与刀叉并用。除了葡萄面包和德国黑面包，大多数品种的面包都可以直接用手撕下一小块抹奶油吃掉。

2.2.9　杯杯有礼，谨记方位

　　餐桌上的杯子有水杯也有酒杯，酒杯也有不同的形制和不同的用途，届时侍者会依据酒品的要求，取用不同的酒杯，食者不必多虑，需要食者谨记的礼仪是杯子一律放在右前方，不要错拿了别人的杯子。

2.3　各种料理，花样吃法

［学习目标］
1. 熟知西餐礼仪文化，掌握西餐各种料理的食用技巧，正确操作。
2. 养成文明的生活习惯，塑造良好的形象，提升自身的品位修养。

［导学参考］
1. 学习形式：观看视频，模拟练习，交流观感。
2. 成果汇报：小组成员分工合作，创制一桌酒宴展示表演，自评互评。

　　吃西餐就是吃情调。宁静舒适的环境，曼妙迷人的音乐，品位优雅的客人，滋滋入味的美食……走进西餐厅，让你尽享一段美好浪漫的时光。丰盛美味的西餐料理一道有一道的故事，一道有一道的讲究，吃法各异，花样翻新，得体优雅地品味美食，才能增添宴会和谐温馨的气氛。

2.3.1　香浓靓汤，慢慢品尝

西餐中，汤的风味别致，花色多样。汤通常分为清汤、浓汤、奶油汤、蔬菜汤、冷汤、特制汤等。还有彰显各国特色的汤品，如法国的洋葱汤、意大利的蔬菜汤、俄罗斯的罗宋汤、美国的奶油海鲜巧达汤、英国的牛茶配忌斯条等。汤的喝法讲究，包含的礼仪既多又细致，如若不注意细节，很容易败坏吃相，使人狼狈不堪。优雅地喝汤姿态如下：

首先端正坐姿，左手腕搭在桌边，右手拿汤匙舀 2/3 匙，不盛满，就能保证不会溢出。有些西装革履的男士唯恐汤汁油污了衣服，就弯腰弓背，低头贴近汤碗喝，这种吃相会令同伴尴尬难堪。

喝汤时，一匙汤要一口喝下去，要悄无声息地、一口一口慢慢品味，不要发出"咕嘟咕嘟"或"吧唧吧唧""呼噜呼噜"的声响。舀汤时不要发出碰撞、刮划汤盘的声音，以免搅扰四邻，令人不悦。

不必担心汤热而呼呼地吹凉，西餐的汤上桌时都是适口的温度。因为汤温的掌控是衡量厨艺的一个重要指标，即使烫热的浓汤也不要呼呼猛吹，盛在匙里，凉了再吃，不必饥不择食。

正式场合喝汤不要喝得精光，喝到不好舀就可以了。中途休息时，可以将汤匙放在汤盘内，喝完时，或不再喝了，将汤匙放在盘内或盘边，示意侍者取走。更为高级的喝汤礼仪还特别注重汤匙的入口角度。清汤（牛肉汤）的喝法是汤匙横摆着喝，带食料的浓汤的喝法是匙尖朝前直向入口。如果是带耳把的汤碗，就简便多了，可端起来直接喝。

看来要想喝到滋补美味的汤还真得下一番功夫呢。

2.3.2　面包蘸着菜汁吃是对厨师的"赞"

面包是从头吃到尾的食物，用餐中，你可断断续续地吃面包。吃完一道菜，或喝完一品汤、一种酒，吃一口面包清理一下口味，再品尝下一道菜肴。西餐中，面包是用来清除口味以免混淆两道菜肴味道的，吃面包贯穿宴饮的始终，吃法是否正确至关重要。

要知道面包是摆在左边的，食用时不要误拿了别人的面包。

侍者端上面包篮，无论你多么喜欢，一次最多只能拿两个。取过面包，先用两手撕下一口大小的一块，左手拿着，右手持餐刀涂抹奶油。切记不要将整个面包涂上奶油，再咬着吃。奶油若是盛放在公用餐盘，要先将奶油取到自己的餐盘，再用自己的餐刀挖取涂抹到面包上。如果盛奶油的餐盘离自己太远，可请邻座传递，绝对不要伸手或起身越过别人拿取。如果奶油放在自己面前,应先将奶油递给远处的人食用,这是绅士和淑女应有的修养。不过,吃硬面包时,用手撕会很费力,可先用刀切成两半,再用手撕成小块来吃。切面包时,先把刀插入中间,向靠近自己的一面切下,再转过来切开另一半,不要笨拙地锯割面包,很不养眼哦。

撕面包时不必在意掉落在餐桌上的面包屑,不用怕弄脏桌面而将碎屑扫到地上,这样破坏了餐厅的环境卫生,给侍者带来麻烦,反倒招人非议。

有些高级餐厅和一些正式的宴会不使用面包盘,而是把面包直接放在餐桌上。这个习俗是有来由的。从前,贵族将硬面包放在桌上当面包盘,上面摆放松软的高级面包,贵族吃完软面包,就将下面的硬面包赏给佣人们吃。所以,不用面包盘不是粗俗的土包子行为,而是贵族身份的象征。另外,毫不吝惜地将面包放在昂贵的纯白麻纱餐巾上也是贵族财力丰厚、生活奢华的表现。

吃完蜗牛后的奶油蒜汁是这道菜的精华,弃之不用不但浪费,而且暴露了自己外行,最好直接用手拿面包块蘸着把它吃得干干净净。有时肉汁也可以用面包蘸着吃,但这仅限于非正式场合。切记绝对不能拿面包蘸汤吃。

2.3.3　牛排,一道绕不过的坎儿

到西餐厅点一份牛排是最平常不过的事,所以,在西餐礼仪中,学会吃牛排是一道绕不过去的坎儿,不然的话,文质彬彬的绅士淑女们等牛排一上桌,就洋相百出了。

一般牛排套餐都配有饮料和汤,牛排酱大致分为黑胡椒酱、香草酱、红酒酱等。服务较好的餐厅会主动请客人选择自己喜欢的酱汁,如果不问,通常会上黑胡椒酱。在你点牛排的时候,侍者会问你要几分熟的牛排。

Raw——几乎生的;

Rare——3 分熟;

Medium-rare——3~4 分熟;

Medium——5~6 分熟;

Medium-well——7~8 分熟;

Well done——全熟。

上面几个英文单词是点牛排时的常识性术语,应有所了解。有人以为,煎牛排越生越好,其实不然。牛的品种不同,各个部位肉的质感不同,不可一概而论。比如,牛腿肉纤维粗,肉质硬,煎熟一点,浇上重口味的黑胡椒酱,吃起来又浓香又劲道,是牙口好的年轻人的最爱。而肥瘦相间、肉质细嫩的日本牛肉就应该嫩嫩地吃,煎成全熟就丧失了它鲜嫩肥美的特色,岂不可惜。生熟度的把握要因地制宜,最了解它的莫过于日日研究它的厨师,如果不在行的话,不妨交给厨师处理。有位吃牛排的行家里手曾说,除非你很熟悉某家餐厅,最好选较生的熟度,这样有周旋余地,如果不满意还可重新加热。这听来也是个不错的建议。

吃牛排要从左边开始切,依序往右移动。先用叉子定位,再用刀沿着叉子的右侧

将肉切开。美国人喜欢把牛排一次全部切成一块块，再右手拿叉一份一份地吃。这种快餐式的吃法会让美味的肉汁全部流失，既破坏口感，又损失营养。相较之下，欧洲人边切边吃的方法似乎更科学雅致（彩图3）。

一次切一口大小，用叉子送入口中，不可放在叉子上再分几口吃。上牛排时，会配有调味酱。调味酱不要直接淋在牛排上，应取适量放在盘内蘸着吃。与中餐的盘饰不同，牛排旁边的配菜不只是为了装点门面，也是基于酸碱搭配、营养均衡的考虑，最好全部吃光，包括米饭。

这里再给大家一个温馨的小提示：牛排中的油脂和血水会随着温度的降低而"香消玉殒"，所以牛排上桌，一定要尽快享用哦。

牛排好吃不好切。对许多人来说，切牛排是一件大费周章的事，令人望而却步。如何才能得心应手地切割牛排而不失绅士淑女优雅美好形象呢？这里我们给大家介绍一些礼仪专家的经验，你可效仿践行。

首先端正坐姿，让双臂自然向腋下靠拢，食指压在刀叉背上，左手指尖按住叉背将牛排定位，右手指尖按住刀背，贴近叉子，从左向右切。需要注意的是：要在将刀伸出去的时候用力，而不是将刀拉回时用力。力道全在指尖上，手腕尽量低平，姿势就轻松自如，优雅也随之而来。

2.3.4 虚张声势的带骨肉

有时端上桌的不是整齐的牛排，而是带骨头的肉，这让一些刀叉功夫欠佳的人叫苦不迭，而那些深谙美食之道的行家却大快朵颐，他们既可饱享口福，又能趁机展现刀叉造诣、人生智慧，真是天赐良机。

带骨肉看上去令人生畏，而实际上与无骨的牛排吃法只不过是一步之差。先用刀在肋骨间将肉分开，再用叉子叉一块带骨肉，用刀子顺着骨头将肉和骨头分开，剩下的步骤就与无骨牛排吃法一般无二了。只是要记得吃完的骨头不能凌乱散放，要整整齐齐地码放在盘内一处。如果实在没有技巧，不敢尝试，可以要求服务生帮忙剔除骨头，切记不能冒冒失失地操作，让刀叉和盘子亲密接触发出较大的声响，这是很没修养的（彩图3）。

西餐中的猪排、羊排的吃法和牛排如出一辙，带骨的鸡肉也是一样。大家举一反三便可迎刃而解了。

2.3.5 别吃得满脸一塌糊涂

中餐讲究色香味，西餐更重营养的合理搭配。为了调节饮食的酸碱平衡，在吃完大鱼大肉之后，要配比一道时令的蔬菜沙拉。沙拉的吃法虽不复杂，但一些小技巧会使你更加完美。比如，遇到较大的菜叶，如果强塞入口的话，很可能会涂抹得嘴脸一塌糊涂。如果你能耐心地将菜叶切成小块或折叠成一口大小，就可以安心无忧了。遇到琐碎的菜叶，可借助面包盛到叉子上，使别人看来动作娴熟大方。

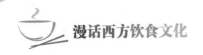

2.3.6   绝不"替咸鱼翻身"

吃鱼绝对是一件表现教养和身份地位的事，明眼人一看就知道你生活的背景是否来自上流社会。中国民间有一个传说：古时，那些占山为王的土匪绑架了一个"票子"，如果摸不清他的身价地位，就让他吃鱼，通过观察他吃鱼就能断定他是否有钱。食不果腹的穷人自然是迫不及待地抢食中间部位的鱼肉，而那些锦衣玉食的达官贵人们则会挑三拣四，专食美味的鱼头。鱼的面颊肉虽然小得"不足挂齿"，却是美食家的最爱（彩图4）。

一盘全鱼上桌时，一定是头在左，尾在右。首先用刀在鱼鳃附近刺一条直线，不要刺透，刺入一半即可。将鱼的上半身挑开后，顺着鱼的脊背将上面的鱼肉纵向剖开，再将其中一半的鱼肉取到面前，用刀子切成小块食用。依序吃完另一半后，将刀放在骨头下面挑起鱼骨，并将鱼骨摆放在盘子的一角。中餐吃鱼的另一面时可以将鱼反转过来，但为了回避禁忌，讨吉利，不能说"把鱼翻过来"，而是说约定俗成的隐语"把鱼划过来"。而西餐礼仪是绝对不能"替咸鱼翻身"的。

吃鱼时，如果不小心吃到了鱼刺，不能直接吐到桌子上，要先吐到叉子上，再放到盘子里，或是用餐巾遮掩着嘴，用手拿出来。吃完鱼后，应把鱼骨打理齐整，切莫杂乱地堆放在盘子里，尤其应尽量遮掩鱼头，不要让鱼眼直勾勾地盯着别人。

2.3.7   龙虾吃法，通行虾壳类

吃龙虾的关键是如何将壳与肉分开。首先左手用叉定住虾身，然后将刀放在肉的下面，从虾尾入刀，顺壳往前推进，将壳与肉分开。取出虾肉切成一口大小，慢慢享受这道奢华美味。掌握了吃龙虾的方法，你就拿到了吃虾壳类海鲜的通行证，其他虾壳类食物均可如法炮制。

2.3.8   粗糙牡蛎的别致吃法

牡蛎是一道时尚美食，它们那坚硬的壳里包裹的不仅是美味，还有丰富的营养，是地道的健康养生食品。

提起吃牡蛎，就想起小时候读的一篇小说《我的叔叔于勒》，那个被亲情抛弃的可怜的于勒叔叔站在甲板上撬牡蛎的样子，曾让我非常难过，并从那里知道在法国吃牡蛎很时尚。法国的牡蛎品种优良，吃法也别致雅逸，常常吸引一些穿戴雍容华贵的绅士淑女驻足巴黎街头，在牡蛎摊前乐陶陶地吸食。牡蛎吃法简单，左手捏住牡蛎，右手用叉子将肉和壳分开，然后，加上鸡尾酱、柠檬汁等调味料，即可美餐了。

挤柠檬汁时，柠檬的形状不同，挤柠檬的手法也不同。半月形柠檬，右手挤汁，左手遮挡着，以免汁液飞溅；片轮形柠檬，可将柠檬平放在食物上，用刀子挤压；半球形柠檬，可将叉子叉进柠檬，转动挤压汁液（彩图5）。

2.3.9　吃蜗牛，不要"射"及他人哦

法式蜗牛是一道极品美食，它壳硬壁滑，不易夹取。一不小心就会"子弹出堂"，轻者闹个红脸笑话，重者"射"及他人，所以马虎大意不得。吃蜗牛一般左手拿专用夹子夹住蜗牛，右手用叉子把肉取出。如果左手拿夹子不够娴熟，可用右手夹稳蜗牛，再移到左手。吃完蜗牛后，剩下的奶油蒜汁是这道菜的精华，不要装斯文、摆阔气，尽情把面包撕成小块蘸食，一定要吃到盘干碗净才好哦。

2.3.10　吃意面，不出"意外"才好

意大利面是美食王国的万花筒，身姿百变，花样繁多。除普通的长面、短面外，还有通心粉、螺丝形、斜管形、蝴蝶形、贝壳形、车轮形、包馅的小饺子形，以及与各种蔬果汁配比制作出的五颜六色的意面。在意大利可以自由畅想，随心所欲地制作出各种形状的意大利面，加上各种各样酱汁的巧妙搭配，组合变化出上千种口味，变化纷呈，成为世界美食的一朵千年不衰的奇葩。

吃短的意大利面用叉子凹处盛着吃。吃长的意大利面要先用叉子挑出几根，然后在盘子里转动叉子，面条就会缠绕在叉子上，一次入口吃掉，不要倒挂垂柳似的垂几条在嘴巴外，也不能从中间咬断，更不能吸食面条。吃宽面要先将面条切短，再用叉子盛着吃。如果没有靠谱的卷面功夫，与人约会时千万不要吃长面，一旦马失前蹄，会让美女失仪、出丑的。最好不吃墨鱼汁面，否则变成"乌嘴鸡"就不好玩了。面包不应与意面同食，这在意大利是大忌。

2.4　粗蛮举止，礼仪禁忌

[学习目标]
1.了解西餐礼仪禁忌，掌握正确的礼仪规范。
2.养成文明的生活习惯，塑造良好的形象，提升自身的品位修养。
[导学参考]
1.学习形式：小组合作，学习西餐礼仪禁忌知识，掌握正确的礼仪规范。
2.成果汇报：组织一次以纠错为主题的西餐礼仪知识竞答比赛。

西餐讲究良辰美景、可人韵事，而在浪漫的情调、美好的气氛中，最灵动的画面是优雅迷人的绅士淑女，所以礼仪在西餐中至关重要。初到国外旅行，你不会使用刀叉，不懂规矩习俗，频频出丑都是常有的事，因为你是"老外"嘛，都可被人善意地

一笑而容纳。西餐礼仪虽多，但只要记住"整齐、洁净、安静"就不出大格。谨记，下面这些冒犯他人的粗蛮举止是礼仪的禁忌。

2.4.1　大声喧哗是万万碰不得的礼仪雷区

在环境雅致、气氛和谐的西餐厅，旁若无人地高谈阔论是极其无礼的粗野行为，会招来侧目非议。毫无顾忌地大声喧哗是无视他人的感受、不尊重他人、侵犯他人空间的没有教养的行为，会遭人鄙视，引起公愤，是万万碰不得的礼仪雷区。

2.4.2　吸烟是对公众的嗅觉暴力

吸烟不是一个私人生活习惯的话题，二手烟对他人健康的危害越来越受到社会的普遍关注。在公众场合吸烟是严重侵犯他人权益的行为，是对公众的嗅觉暴力。现在许多文明国家已经明令禁止在公众场合吸烟。吸烟这种损人害己的行为被视为公害。

2.4.3　滥打手机是极没品位的招摇

在餐厅里、公交车上或其他公众场合，拿着手机大喊大叫地打电话，在你看来是一个什么样的形象呢？粗野、可恶、冒傻气……是吧？

现在的手机只不过是一种便捷的通信工具，连7岁孩子都玩得头头是道，所以千万别拿手机在人前招摇炫耀，别让手机的铃声骚扰了周围的人。在文明国家的公共场所，人们自觉地将手机设定在振动状态，即使打电话也尽可能地压低声音，没有人冒犯众忌，昂首仰面、高声大气地打电话。

2.4.4　衣衫不整是对他人的不敬

吃中餐，衣着无论颜色款式，只要干净整齐就无人非议。而与中餐的随意有所不同，西餐更讲究用餐环境和氛围的优雅，十分讲究服装礼仪。女士出入餐厅着装要求较为宽松，一般穿套装和有跟的鞋子。通常参加晚宴，以正式礼服为主，端庄秀丽、优雅大方，首饰搭配精美别致，但不能过于杂乱。注意同伴尽量不要撞衫。男士出席正式的宴会总是西装革履，且以黑白为主色调。如果指定穿正式服装的话，必须打领带或领结，可以系黑皮腰带，但要尽量避免露现在外，否则有不尊重主人之嫌。即使不打领带，也一定要穿西装外套和皮鞋，这里特别提醒大家，穿着牛仔裤、T恤衫、运动鞋往往会被拒之门外。另外，在社交场合，无论天气如何炎热，都不能当众解开纽扣脱下衣服。小型便宴，如果主人请客人宽衣，男宾可脱下外衣搭在椅背上。

衣冠楚楚、举止优雅令人赏心悦目，是西餐厅中最美的景色。衣衫不整有碍观瞻，是对他人的不敬。

2.4.5　打嗝，令人作呕的行为

餐桌上，最不由自主的事情莫过于打嗝、打喷嚏、咳嗽，常常突如其来，无法控制，而打饱嗝是西餐桌上最令人作呕的失礼行为。

遇到这些尴尬的事情又实在忍不住怎么办？赶紧将脸侧向一边，低下头，用餐巾掩住口，以极度的克制压低声音，并向身边的人轻声道歉。千万不能旁若无人地只顾自己舒服，不顾他人感受。

2.4.6　杯盘叮当作响是没教养的表现

吃西餐，刀叉和杯子可以随时拿取，不可以轻易移动餐具。取放刀叉时不小心碰撞了杯盘，或切割食物时刮划了盘子，或汤匙搅拌咖啡碰撞杯子，或将汤匙放回托盘时发出的声响，都是极不悦耳的声音，一定要小声说"抱歉"。

2.4.7　切勿拿着刀叉指手画脚

一杯淡酒，几个知己，一边享用美食，一边开心畅谈，真是人生快意。但在西餐桌上，切勿手里拿着刀叉指手画脚与人交谈，也不可将刀叉竖起来握在手中。说话时，应将刀叉放在盘上才合乎礼仪。手里拿着刀叉手舞足蹈地与人高谈阔论，是很危险的举动，会让人有受威胁、被冒犯的感觉。

2.4.8　头不抬、眼不睁地埋头吃

吃西餐，自始至终都要坐姿端正，抬头挺胸，从容地与人交流，温文尔雅，谈笑风生，让风趣幽默的你给大家带来快乐。低着头，眼睛直勾勾地盯着食物，头不抬、眼不睁，一声不吭地只顾埋头吃，一副垂涎三尺的样子。这样不雅的贪吃相，是登不了大雅之堂的。

2.4.9　给人"夹"菜不是热情哦

吃中餐，我们常常把好吃的菜夹给尊者、好友、亲爱的人，以示礼敬和热情。人家也会非常感谢地接受你的善意，频频地夹菜，能让人感受你的热心，能增进友谊，使气氛暖意融融。如果在西餐桌上，你依旧这样盛情款待他人，就会招人厌烦。吃西餐忌讳用自己的餐具为他人布菜。已经使用过的餐具不仅令人厌嫌，确实也不利于卫生健康。

2.4.10　毫无教养的丑陋举动

将手肘支在餐桌上或是一只手拿叉一只手撑着脑袋，一副百无聊赖或傲慢无礼的样子，这是完全没有家教的行为，尤其对女士来说，是最丑陋的形象。用餐时，绝不能将手肘放在餐桌上，一只手拿刀叉或汤匙，另一只手可虚握拳将手腕轻轻搭在

桌边。

也不能顾上不顾下，以为有桌布遮挡着就放纵自己的腿脚。高跷二郎腿，或伸长腿一直插到别人的领地，都是冒犯他人的无礼行为。

2.4.11　不要做好奇的菜鸟

西方文明使人们形成了一条约定俗成的公众礼仪，那就是绝对尊重个人隐私权。

坐在西餐厅，不要做好奇的菜鸟，东张西望地探看邻桌是很失仪的。无论你的邻桌坐的是什么人，或发生了什么事，哪怕是你喜欢的偶像，哪怕是砸了盘子摔了碗，都不关你的事，不要探头探脑地张望或回头看。就当每张桌子都是一个独立的私密的空间，不观望就是对他人隐私的尊重。

吃西餐，要安分守己地坐在座位上，不要出出进进，一会儿上洗手间，一会儿打电话……忙忙碌碌的会搅扰安静快乐的气氛，这些都是令人不快的举动。

2.4.12　讲究细节才会更加完美

吃东西时张开嘴巴吧唧吧唧地咀嚼；塞了牙，就在餐桌上用牙签剔；口里含着食物就与人讲话；吃到不好吃的东西就在人前吐出；或者食物里有了昆虫之类的异物就惊慌失措，大喊大叫……这些举动虽是不为人注意的小节，却能败坏你的形象。

吃饭时，即便是再急切惊慌，也要紧闭双唇咀嚼，不发出任何声音。

不小心塞了牙，也不要在餐桌上用牙签剔牙，可以喝口水试试看，或用餐巾遮掩着口取出；如果还不行，就去洗手间处理。

嘴里含着食物与人说话，唾沫四溅，满口喷饭是令人恶心的吃相。如果非得即刻回答别人的问话，就把食物压在一角，做简短的回答，赶紧吞咽下去。

再不好吃的食物，也不要随意吐出来。实在是难以下咽的话，可以用餐巾盖住嘴吐到餐巾上，让服务员换块新的餐巾。如果食物中有小骨头或石子等异物时，可先吐到叉子或餐巾上，再放在盘子的一旁。

即使有只虫子从你的沙拉里神气活现地爬出来，也不要大惊小怪的，闹腾得四邻皆知，只需用眼色暗示服务生悄悄地换掉就好了。

用餐的时候，刀叉不小心掉到地上，如果弯腰去捡，不仅姿势不雅观，而且会影响身边的人，也会弄脏手，可以示意服务生来处理并帮你更换新的餐具。

人们常说细节决定成败，不要因为不雅的吃相丧失人生的某些机会。

2.4.13　吃"葡萄"不吐"葡萄皮"

在西餐礼仪中，吃进嘴里的东西再吐出来是很不卫生、很不礼貌的行为。这个礼仪使很多刚踏出国门的人在不知情中与人交恶，破坏了良好的人际关系。

曾经有一位留学德国的年轻人，为人善良正直，开朗大方，与同学朋友相处很融洽。一次，他参加了一个自助宴会，喜欢吃鱼的他取了不少鱼块，美美地享用起来。

但吃着吃着,旁边的人都用异样的眼光看着他,接着便纷纷端着盘子走开了。他摸不着头脑,不知道自己哪里不对劲。不明就里的他还是边吃边吐地吃完了鱼,桌上留下一堆鱼骨和鱼刺。这次宴会后,他发现一些德国朋友对他冷淡了不少。

直到有一次,他去拜访教授,教授请他在家中用餐,餐桌上的鱼炸得又香又脆,让他想起了母亲做的炸鱼的味道,他很感动,和教授一家人一边喝红酒,一边吃鱼,相谈甚欢,其乐融融。但吃着吃着,曾经的一幕又发生了,教授和家人全都惊异地看着他,最后,教授的妻子站起身,满脸不悦地走开了。

等他吃完后,教授十分生气地说:"你太粗鲁了,希望你在德国多学一点礼仪。"他不知教授何出此言,一再追问自己哪里做错了。教授说:"你吃鱼的时候,一边吃,一边吐骨头,这非常不礼貌。"他辩解说在中国就是这样吃鱼的,难道还能连鱼刺一起吞下去?教授更加生气了。教授说:"在德国用餐,你把吃进嘴里的东西再吐出来,让人觉得非常不卫生,也缺乏最基本的礼貌。"

一直莫名其妙的他这才恍然大悟。

吃西餐,如果不小心吃到骨头和鱼刺,一般情况下,他们会嚼碎了吞下去。实在难以下咽,要遮挡着悄悄地吐在餐巾里,绝不能把吃进嘴里的东西再吐出来。因为在西方人看来,把口腔中的东西吐出来是很失礼的行为。

2.4.14 得体的告辞是曲终宴罢时的华丽转身

参加宴会时,你是这样做的吗?酒足饭饱就悄悄地不辞而别;因为自己有紧急的事就拎包走人;或者意兴未尽,迟迟不肯离席,甚至主人委婉辞谢也毫不识趣。

出席酒宴的告辞时间不宜过早或过迟,要按常识相机而定。如果酒会不是在周末举行,告辞时间应在晚间 11 时至午夜之间。如果在周末,就可以更晚一些。

各种酒会上,离开前都要向女主人当面致谢,这是礼貌。致谢时,谢过主人的盛情美意就可离开,不要说个不停,以免影响主人招呼别人。如果因故必须早点告辞,要诚恳说明情况,致谢时不要太引人注目,以免惊扰其他客人,使人误以为自己也该走了。

如果是主宾,就要先于其他客人向主人告辞。一般来说,主宾应在用完点心后的 20~40 分钟相继告辞。一般客人不要先于主宾告辞,否则是对主人和主宾的不敬。

得体的告辞仿佛舞者华丽的转身,使你更具迷人的魅力。

形形色色的餐桌礼仪,从方方面面规范着人们的言行举止,使之得体适度,悦人悦己,营造和谐美好的人际关系。餐桌礼仪考量着一个人的品位涵养,考量着一个人的见识能力,也考量着一个人的信用度。仅吃相这一生活细节,就能透视你的生活背景、品行修养、生活态度和工作能力。餐桌礼仪是人生不可不修的一门课业,是职场竞争中必需储备的知识。餐桌礼仪是百年积淀的文化,是一种长期修行的行为习惯,需要我们从一日三餐中修习养成。

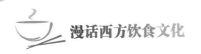

章后复习

一、知识问答

1. 出席宴会需要_____，要告知对方参加宴会的_____和_____，表明是否要或_____的座位。如果是生日或其他特别的日子，可以告知宴会的_____和_____。在预定时间内到达，是基本的礼貌。这样做会让人感到你是个做事_____，有_____的人，这是达成_____的开始。

2. _____是基本的着装礼仪，男士要穿_____，打_____，_____；女士要穿_____和_____；再昂贵的_____也不能穿着出入西餐厅。

3. 长幼有序，宴会时，要将_____请到"上位"。"上位"没有固定位置，但各国惯例是_____的座位，或_____位置，或_____的位置。

4. 餐桌礼仪最重要的内容是坐姿_____，精神_____，把你的快乐、热情和诚意传递给你的朋友，让宴会充满愉悦和乐的气氛。切不可_____，一副_____的神态，给人傲慢又无兴致的感觉。

国际标准的手势礼仪是_____桌边，把_____餐桌上或_____，是完全没有家教的行为。

用餐时，双脚要_____，禁忌_____、_____、_____侵占别人的空间、双腿敞开，或脱鞋子等不雅动作。

5. 正式的全套餐点上菜流程是_____、_____、_____、_____、_____、_____、_____，还有餐前酒和餐酒。

6. 吃西餐，葡萄酒与菜肴搭配的最基本原则：_____，_____；一般菜肴用什么酒烹制就点什么酒；也可搭配菜肴喝不同的酒，按照_____、_____、_____、_____的顺序，喝出节奏韵律。如果对酒一窍不通，万能的应对方法是点一杯_____，香槟酒是西餐中的_____，在西餐厅，香槟酒一定要_____的开启。

7. 西餐餐具的摆放是根据_____顺序_____摆放。每上一道菜，就从_____各拿一副刀叉。刀叉使用的基本原则是：_____或汤匙，_____拿叉。讲话时，不能_____，_____。用餐时，不碰撞杯盘，也不能_____与同伴交换餐点。切割食物时，只切_____，并要不能_____。吃体积较大的蔬菜时，可用刀叉来_____、_____。

8. 吃牛排要从_____边开始切，依序往_____移动。美国人喜欢_____，再右手拿叉一份份地吃。这种快餐式的吃法会让_____全部流失，既破坏口感又损失营养。相比之下，欧洲人_____的方法似乎更科学雅致。与中餐的盘饰不同，牛排旁边的_____不只是为了装点门面，也是基于_____、_____的考虑，最好全部吃光，包括米饭。

9. 西餐礼仪中，吃鱼时绝不能"_____"。用面包蘸着菜汁吃是对厨师厨艺的"_____"。

10. 挤柠檬汁时，柠檬的形状不同，挤柠檬的手法也不同。_____柠檬，右手_____，左手_____着，以免_____；_____柠檬，可以将柠檬平放在食物上，用_____，也可以将叉子叉进柠檬，_____挤压汁液。

11. 吃冰激凌，有时杯里会有一块饼干，这是用来"_____"的，可与冰激凌_____，不能将冰激凌涂抹在饼干上吃。而喝咖啡时，却不能一手端着咖啡杯，一手拿着点心，吃一口喝一口地_____。饮咖啡时就放下点心，吃点心时则放下咖啡杯。并且没有征得别人允许，不可替人加_____。

12. _____是万万碰不得的礼仪雷区；_____是对公众的嗅觉暴力；_____是极没品位的招摇；_____是对他人的不敬；切勿拿着刀叉_____；头不抬眼不睁的_____是不登大雅之堂的；与吃中餐不同，吃西餐时，给人_____可不是热情哦，再好吃的东西也要"_____"；不要_____与人讲话；不要做_____的菜鸟，东张西望的_____邻座的事；更不能在餐桌上用_____。

二、思考练习

1. 试比较中西饮食礼仪文化的异同。
2. 提升文明修养请从餐桌礼仪开始。

三、实践活动

组织一次西餐礼仪知识竞答暨表演赛，可设必答题、抢答题、找错题、表演展示活动、交流评价活动、论文演讲活动 6 个模块。

第**3**章
咖啡、红茶与甜点的美丽邂逅

　　在西餐美食中，甜点是餐后的一份怡情享受。一杯咖啡、一盏红茶，外加一份香甜浓郁的点心，不仅会令人获得味蕾的刺激，还能使人在轻松愉快的氛围中享受一段甜蜜、浪漫的美好时光。

　　本章为大家介绍西餐美食中餐后的甜点、咖啡和红茶的知识。3.1 节浓情蜜意的甜点主要从口味的角度介绍几款餐后常用甜点的特色以及食用礼仪。3.2 节浓香四溢的咖啡文化介绍了咖啡的起源传说、主要产地、知名品牌、营养价值和礼仪规范。3.3 节温暖怡情的红茶主要介绍了红茶的种类及特点、英式下午茶的由来、定制与礼仪规范。本章侧重对饮食礼仪的传授，弘扬餐桌上的文明传统。

　　本章的学习方法，以实践活动为主，以班级或小组为单位开展吃甜点的礼仪表演、创办咖啡小屋、举办主题下午茶会等活动，学生在活动中讨论交流饮食文化知识。通过创制甜点、冲泡茶饮和咖啡提高专业技能，感受体验餐桌上的礼仪文化，养成文明的生活习惯，提升职业素养。

3.1　浓情蜜意的甜点

【学习目标】

1. 了解常用甜点品种，丰富饮食文化知识。
2. 能创造一款甜点，并向大家推广介绍。
3. 掌握并实践吃甜点的礼仪规范，提升文明素养。

【导学参考】

1. 学习形式：小组合作，学习餐后甜点的相关知识和礼仪。
2. 成果汇报：小组讨论交流课外制作的甜点作品，选派一名代表向全班展示；以小组为单位排演吃甜点的礼仪，在全班表演。

西餐与东方饮食在食材与口味上有很大的差异。东方人注重饮食均衡，讲究肉、蛋与蔬菜合理搭配，青睐辣椒、盐等口味强烈浓重的味道，而西方人主食以肉、蛋、奶为主，蔬菜、水果相对摄入较少，口味偏好清淡。这样一来，能刺激味蕾享受最大快感的正是餐后甜点，甜点能给人以饱足舒适的感觉。

3.1.1　甜点的种类

甜点是西餐的最后一道菜，它的出场既华丽又含蓄，应具有压轴戏不温不火之度，才能让整场大戏圆满地落下帷幕。

一款款五颜六色的甜点团花簇锦，款式、品种各式各样、不胜枚举，经常食用的有布丁类、慕斯类、冻子类、水果类、蛋糕类、曲奇、巧克力、苹果派、蛋挞、泡芙、冰激凌等。

西式甜品花样繁多，意大利和法国尤其盛产经典的名品，许多品种已成为经久承传的经典甜点，如意大利的提拉米苏、法国的舒芙蕾，以绚丽的品相、精美的味道风靡全世界。下面我们简单介绍几款经典的西式甜点。

1）提拉米苏（Tiramisu）

提拉米苏是意大利甜点的代表，由鲜奶油、可可粉、巧克力、面粉制成，最上面是薄薄的一层可可粉，下面是浓浓的奶油制品，而奶油中间是类似巧克力蛋糕般的慕司。它的口味融合了咖啡的苦香、蛋与糖的甜润、酒的醇厚、巧克力的馥郁、乳酪与

鲜奶的浓香以及可可粉的干爽，形成一种香甜而又带着咖啡酒味儿的独特风味，令人爱不释手。提拉米苏在意大利语里有"带我走"的意思，象征爱和幸福。这款甜点的闪亮登场会使餐桌增色生香。

2）萨芭雍（Sabayon）

萨芭雍也是意大利的著名甜品，代表着华丽的宫廷风格。它用鸡蛋混合奶油、甜酒，浇在各式水果上，充满酒香、蛋香，微烤过后还散发出诱人的焦香。这位"名门之秀"一出场，整个宴会便华美而名贵。人们在柔和的灯光下，伴随美妙的音乐，享受着萨芭雍浓郁的酒香，沉浸在恬静、淡雅的氛围中，身心为之倾倒。

3）舒芙蕾（Souffle）

舒芙蕾，也译为梳乎厘、蛋奶酥，是一款别具风味的法国甜点。它是将蛋黄、面粉、奶油、砂糖等不同材料拌入经打匀后的蛋白，再经过烘焙而制成的。Soufflé 的法语意思是"使充气"或"蓬松地胀起来"。它质地蓬松、轻软，入口即化，故有"梦幻甜点"的美誉。烤好的舒芙蕾要分秒必争地品尝，否则会很快"漏气"，塌陷变形。据说这款别具匠心的甜点是厨师们特地运用无滋无味无重的蛋白变化成的虚无的美食，用来讽刺法国中世纪奢靡贪腐之风，寓意过度膨胀的虚无主义，最终难逃坍塌的命运。

4）水果挞

水果挞是女士的最爱。人们在刚烘烤好的派上，加入杏仁粉、鲜奶和各种材料后，再加上自己喜欢的水果，就制成了色彩鲜艳、果香浓郁的水果挞。水果挞的挞底松软，奶油入口即化，水果清新爽口，营养又美颜，是一道颇受欢迎的西式甜点。

5）马卡龙（Macaron）

马卡龙是一款法式杏仁小圆饼，它是用蛋白、杏仁粉、白砂糖和糖霜制成的，通常在两块饼干间夹有水果酱或奶油等馅料。马卡龙口感丰富，酥脆的外壳与绵软的奶油、果酱馅料依次入口，层次分明。色彩鲜艳、玲珑可爱的马卡龙，不仅是古代高档宴会上的尊崇，也是贵族们喜爱的午茶小甜点，至今仍是人们追求的时尚西式甜点。

6）抹茶红豆蛋糕

因为抹茶粉的养生功效，茶点一直是人们追捧的时尚甜点。抹茶红豆蛋糕共分4层，两层蛋糕之间夹着一层去皮的红豆沙，口感细腻、口味香甜，蛋糕的最上层涂抹着用奶油调制的抹茶粉，抹茶粉的清新淡雅融合奶油、红豆沙的香甜，美妙无可比拟。豆沙的红、蛋糕的黄、抹茶粉的绿相映成趣，令人心驰神往。

7）泡芙（Puff）

法国的泡芙色泽金黄，外脆里糯，绵软香甜。象征着吉庆、友好、和平的泡芙，在奥地利公主与法国皇太子的大婚之宴上，曾作为压轴甜点，为长期的战争画上休止符。它更是英国贵族下午茶餐桌上不可或缺的甜点。

8）奶酪

在餐后甜点中，身份最为尊贵独特的当属奶酪。确切地说，奶酪是主餐之后、甜点之前的一道美味享受，或是代替甜点的"咸点心"。就像中国的臭豆腐、日本的纳豆一样，奶酪也是"遗臭万年"的食物。然而，奇臭无比的奶酪却深得西方人的喜爱，法国人称它为"神的脚臭香"，奶酪、葡萄酒和橄榄油，被列为欧洲三大美食文化。

奶酪素称奶中的"黄金"，富含钙、铁、磷等多种矿物质和蛋白质，营养丰富，具有强筋健骨、促进新陈代谢的功效，能护眼美肤、调节胃肠道的菌群平衡、防治便秘和腹泻、增进人体抵抗疾病的能力，是中、老年人上佳的保健食品。

奶酪与葡萄酒是门当户对的绝配佳偶。奶酪与葡萄酒搭配的基本原则：一般是老乡找老乡，即同产地相配，如羊酪，选配同一产地的葡萄酒最相适宜。另外，酸味强的酒搭配咸的奶酪，清爽的酒搭配油脂多的奶酪。味道浓厚的奶酪适合搭配干辣的白酒，或厚重的红酒，特别是那些臭气熏天的奶酪一定要搭配厚重的葡萄酒。如波尔多酒就与洗皮奶酪臭味相投，具有强烈个性的蓝莓奶酪就与厚重的斯提尔顿是绝配。餐后一杯葡萄酒配奶酪是人生的极致享受。

除此之外，还有家庭风味十足的法国贝壳蛋糕、鲜果与千层酥皮美妙组合的拿破仑蛋糕、至尊极品的慕斯蛋糕（Mousse Cake）、德国的国宝级蛋糕黑森林蛋糕（Schwarzwaelder Kirschtorte）、美国的波士顿派（Boston Pie）、澳门的葡式蛋挞（Egg Tart）、独一无二的阿拉伯乳酪蛋糕（Cheese Cake）等，款款经典的甜点可谓琳琅满目，美不胜收。

3.1.2　吃甜点的礼仪

恰如其分——在适当的时间做适当的事是最美的礼仪，吃甜点和水果是一餐的尾声，大家相识相熟，心情愉悦，交流融洽。如果你还循规蹈矩地守着右刀左叉的礼仪就太古板失趣了，这时可以单手用叉轻松随意地吃，甜点，可以轻松美美地吃。

这里给大家介绍几种甜点的吃法。蛋糕可以用右手单手拿叉，切着一口口优雅地吃，吃完若能信手用叉子将盘中的锡纸折起，你便是席间最美的人。吃千层派请先让高高直立的千层派平躺后，再用刀子或叉子纵向切着吃。不管多么漂亮的水果挞都要用刀切开，均分成适合的小块，再用右手单手拿叉子吃。吃水果馅饼通常要使用叉子。但如果主人为你提供一把叉子和一把甜点勺的话，那么就用叉子固定馅饼，用勺舀着吃。如果馅饼是冰激凌馅的，要叉、勺并用。如果吃奶油馅饼，最好用叉而不用手，防止馅料从另一头漏出。

现代服务越来越周到，水果一般都是切好的果盘，食用十分方便，不必劳烦。但如果遇到未经切割的水果，也要掌握一点技巧，才能吃得更优雅自信。

西餐中常见的水果有苹果、橘子、香蕉、葡萄、西瓜、无花果、杧果、木瓜、哈密瓜等。吃苹果时，左手按住苹果，用刀剖半，再切成 4 块或 8 块。先取一块，用叉叉住，用刀削皮，然后再用叉压住果肉，用刀剔果芯，最后切成适口的大小再吃。

吃橘子，先将橘蒂朝下，用手分开，然后再吃，吃完后合拢橘皮，翻出橘蒂朝上置放到碟子里。

吃香蕉，要先剥皮，再自左至右切成段，然后用叉子叉着吃，吃完后把皮复合原处。

吃葡萄不可用手拿整串的葡萄吃，而要用手把葡萄粒一颗一颗取下来吃，吃时先用刀子在蒂口上划个十字刀，就会很容易挤出果肉，然后用手遮着嘴，把皮和核取出，并整齐地放在果盘中。吃樱桃和草莓也可用手拿着吃，文雅地将核或蒂吐在手中，放在自己的盘边。

切成块的西瓜一般用刀和叉来吃，将西瓜子吐在手上，然后放入自己的盘子。

鲜无花果作为开胃品与五香火腿一起吃时，要用刀叉连皮一起吃下。作为饭后甜食吃时，要先把无花果切成 4 半，在橘汁或奶油中浸泡后，再用刀叉食用。

吃杧果，要先用锋利的水果刀纵向切成两半，然后用勺挖食核肉，保留皮壳。

吃瓜类水果，先用刀子将果皮和果肉分开，再切成小块食用。木瓜切成两半后，抠出籽，也可用勺挖着吃。

还有一些熟制的水果，吃法也很有讲究。如吃煮梨，要先用叉竖直把梨固定，用勺把梨挖成方便食用的小块。叉子还可用来旋转煮梨，以便挖食梨肉。如果只有一把勺子，就用手旋转盘子，把梨核留在盘里，用勺把糖汁舀出。吃炖制水果要使用勺子，不过你可以用叉子来稳住大块水果，把果核体面地吐到勺里，放在盘边。

3.2　浓香四溢的咖啡文化

〔学习目标〕

1. 了解咖啡的起源，讲述有关咖啡由来的传说。
2. 掌握咖啡产地、品牌，学习创制咖啡餐点。
3. 实践体验喝咖啡的礼仪，提升文明素养。

〔导学参考〕

学习形式：以小组为单位创办一个小小的咖啡屋，要对咖啡屋进行装饰设计、咖啡知识宣传、咖啡与甜点的选配、服务礼仪要求等项目安排，并组织一次咖啡聚会，体验喝咖啡的礼仪和美好生活享受。

3.2.1　咖啡的起源与传播

咖啡一词源自希腊语"Kaweh"，意思是"力量与热情"。咖啡是世界三大饮料之一，咖啡的香气弥漫在人类文明的史诗中，以最甜蜜、最温柔的方式浸润着人们的生活，形形色色的人从咖啡的苦而后甘的味道里禅悟出苦尽甘来的人生历程，也从咖啡热情与兴奋中汲取了精神的力量。一杯咖啡能调节你寂寥的心绪，带给你巧克力般甜美的心境。咖啡是餐后甜点最浪漫的伴侣，更是人类幸福生活的甜蜜剂。

关于咖啡起源的传说众说纷纭，目前有 3 个版本较为通行，为世人熟知。

传说 1：公元 6 世纪，在咖啡原产地埃塞俄比亚西南部的卡发省，牧羊人卡狄放牧时发现羊欢腾雀跃、异常兴奋，他细心地探寻原因，发现羊是吃了一种红色的果实，才如此兴奋不已。卡狄好奇地尝了尝那些奇异的红果实，觉得果实香甜味美，吃下后自己神清气爽、心情愉悦。他毫不犹豫地采摘了这些神奇的红果实，回家后分给他的亲友和教友吃，大家一传十、十传百，很快人们都知道了这种香甜好吃，又令人开心的奇异果实，咖啡便从此走进了人类文明的生活中（彩图 6）。

传说 2：相传一场森林大火烧毁了一片咖啡林，烧焦了的咖啡的香味引起了周围居民的注意。人们最初咀嚼这种植物果实以提神，后来将其烘烤磨碎掺入面粉做成面包，作为勇士的食物，以提高作战的勇气。

传说 3：传说圣徒雪克·欧玛在摩卡是很受人们尊敬爱戴的酋长，但因犯罪而被族人驱逐。1258 年，雪克·欧玛被流放到俄萨姆。一日，欧玛饥肠辘辘地在山林中走着，心情极度消沉沮丧，偶然抬头，看见树枝上一只小鸟在啄食了树上的果实后，发出了极为悦耳的啼叫声。他便将果实带回去，加水熬煮，不料一股浓郁诱人的香味扑鼻而来，饮用后原本疲惫的感觉立即消解，顿时精神倍增。此后，欧玛采集了许多这种神奇的果实，每当遇到有人生病，他就将果实做成汤汁给病人喝，帮助他们恢复体力精神。欧玛四处行善，用咖啡治愈了很多人的病患，受到信徒的喜爱，不久他获得赦免回到摩卡。欧玛因为发现了这种造福人类的果实而受到礼赞，被人们推崇为圣者。当时咖啡被人们视为神奇的治病良药。

不过这些传说故事都只出现于后世的旅游传记中，并无确凿的史料考证。因此，咖啡的真正来源至今依旧无从考证。

咖啡的传播是伴随着黑奴的迁移和战争的炮火走出非洲草原的。13 世纪，埃塞俄比亚军队入侵也门，将咖啡带到了阿拉伯世界。Coffee 一词也在此时产生，意思是"植物饮料"。阿拉伯人不断完善咖啡的种植和制作，也长期垄断着饮用咖啡的特权，直到十六七世纪，威尼斯商人和荷兰人才将咖啡传入欧洲，香气馥郁的黑咖啡很快受到欧洲贵族的争相竞逐，身价倍增，一度号称"黑色金子"。后来在风起云涌的大航海时代，借由海运的传播，咖啡传遍了整个世界。

1570 年，土耳其军队围攻维也纳，失败撤退时，扔下了一口袋黑色的种子，可当时大家都莫名其妙，谁也不知道这些黑色的种子是什么东西。唯有一个曾在土耳

其生活过的波兰人如获至宝地拿走了这袋咖啡，在维也纳开了第一家咖啡店。16世纪末，咖啡以"伊斯兰酒"的名义通过意大利开始大规模传入欧洲。但当时有些天主教徒认为咖啡是"魔鬼饮料"，怂恿教皇克莱门八世禁止饮用咖啡，但教皇品尝后却说："虽说是恶魔的饮料却是这般美味可口，将这种饮料让异教徒独占了真是可惜。"教皇赞誉了咖啡，并让前来施受洗礼的基督徒饮用。

如今咖啡在南美、亚洲、非洲均有种植生产，其中巴西的咖啡产量位居世界之首，巴西的咖啡酸味少、香味和苦味融合得恰到好处，是咖啡中的高级品。产量仅次于巴西的是哥伦比亚，其咖啡酸中带甜，温和怡人。非洲是咖啡的故乡，乞力马扎罗山脉的咖啡酸味、苦味强、劲道十足。而产自阿拉伯半岛的摩卡咖啡则有着高贵的巧克力香味，深受人们欢迎。咖啡中的珍品蓝山啡产于非洲的牙买加，因为产量极少而成为难得的奢侈品。

各国的咖啡文化异彩纷呈，以意大利的咖啡文化最为繁盛、热情洋溢、充满活力。意大利人调制的浓咖啡有迷人的浓香，再点缀纯白的鲜奶泡沫，黑魔鬼顿时幻化成美妙的天使，且有助消化的特殊功效。土耳其的咖啡文化摄人心魄，使用热炒，弥漫着一股东方的神秘色彩，土耳其人喝咖啡时，要焚香、撒香料、闻香，像中国的茶道一样有一套讲究的程式和礼仪规范，还有琳琅满目的咖啡壶具，充满了天方夜谭式的风情。美式咖啡百无禁忌，尤其是旧金山人对咖啡钟爱到近乎疯狂，他们用咖啡匙来度量生活，到处都是大大小小的咖啡屋，读书、交友、娱乐活动尽在其中，咖啡已经成为一种文化和生活的味道。法国的咖啡文化浪漫典雅，注重环境情调。在法国，让人歇脚喝咖啡的地方遍布大街小巷。法国人喜欢慢慢地品饮、读书看报、高谈阔论，大半天的时间都消磨在喝咖啡上，以彰显他们优雅的韵味、浪漫的情调和享受生活的写意感，展现出一种传统独特的咖啡文化。

3.2.2　常饮用的咖啡品牌

1）拿铁咖啡（Caffè Latte）

说到意式咖啡，首先要了解一下"Espresso"这个词，"Espresso"的意思是意大利浓缩咖啡，是由多种咖啡豆经过精确拼配萃取而成的，又浓又香，面上浮着一层金黄泡沫的纯黑咖啡。它是意式咖啡的灵魂，所有的牛奶咖啡或花式咖啡都是以Espresso为基础制作出来的。

拿铁是一品大家熟悉的意式咖啡，它是在沉厚浓郁的Espresso中加进大量的牛奶调制而成的花式咖啡。拿铁咖啡做法极其简单，就是在刚刚做好的一小杯意大利浓缩咖啡中倒入接近沸腾的牛奶。至于倒多少牛奶，依个人口味自由调配。有了牛奶的温润调味，原本苦涩的咖啡变得柔滑香甜。和卡布奇诺一样，拿铁也是一款适

合早餐饮用的咖啡，因为拿铁咖啡中牛奶多而咖啡
少，意大利人喜欢在早晨拿它来暖胃。不过也只有
Espresso 才能给普普通通的牛奶带来让人难以忘怀
的味道，这是传统的意式咖啡。如果在热牛奶上再
加上一些打成泡沫的冷牛奶，就成了一杯美式拿铁咖
啡，星巴克的美式拿铁就是这样，底部是意大利浓
缩咖啡，中间是加热到 65 ~ 75℃ 的牛奶，最后是一
层不超过半厘米的冷的牛奶泡沫。如果不放热牛奶，

而直接在意大利浓缩咖啡上装饰两大勺牛奶泡沫，就成了被意大利人叫作 Espresso
Macchiatto 的玛奇哈朵咖啡。

2）欧蕾咖啡（Café Au Lait Coffee）

欧蕾咖啡是法国人的最爱，法国人用最大号的圆圆的大肚杯子来盛欧蕾咖啡，作
为他们早餐的伴侣。其实欧蕾咖啡的做法非常简单，就是把一杯意大利浓缩咖啡和一
大杯热牛奶同时倒入一个大杯子，最后在液体表面放两勺打成泡沫的奶油。欧蕾咖啡
实际上就是欧式的拿铁咖啡。与意式和美式拿铁不同的是，拿铁是将 Espresso、牛
奶、奶泡一层一层放入杯中，而欧蕾咖啡是将 Espresso 和牛奶同时倒入杯中，但是口
感都是一样的温润滑美。

3）维也纳咖啡（Viennese Coffee）

顾名思义，维也纳咖啡是奥地利最著名的咖啡，原是一位名叫爱因·舒伯纳的
马车夫发明的，所以又被称为"单头马车"。它是在咖啡中加入鲜奶油，并撒上糖制
的七彩米。那浓浓的鲜奶油和巧克力的甜美风味令人为之倾倒。雪白的鲜奶油上，
撒落五色缤纷七彩米，扮相非常漂亮。隔着甜甜的巧克力糖浆、冰凉的鲜奶油啜饮
滚烫的热咖啡，更是别有风味！但是，由于含有太多糖分和脂肪，维也纳咖啡并不适
合减肥人士。

4）卡布奇诺（Cappuccino Coffee）

卡布奇诺是一种以同量的意大利特浓咖啡和蒸汽泡沫牛奶相混合的意式咖啡。咖
啡的颜色，就像卡布奇诺教会的修士在深褐色的外衣上覆着一条头巾一样，咖啡因此
得名。传统的卡布奇诺咖啡是浓缩咖啡、蒸汽牛奶和泡沫牛奶各占 1/3。盛卡布奇诺

的咖啡杯应是温热的，不然倒入的牛奶泡沫会散开。
特浓咖啡的浓郁口味，配以润滑的奶泡和肉桂粉，形
成意大利咖啡的馥郁香气，令人心动不已。

5）夏威夷咖啡（Konafancy）

属于夏威夷西部火山所栽培的咖啡，也是美国唯
一生产的咖啡品种，口感强，香味浓，带强酸，风味
独特，品质上乘，是前往夏威夷的观光客必购土产
之一。

6）摩卡咖啡（Café Mocha）

Mocha 意大利语的意思是巧克力，Café Mocha 就是巧克力咖啡的意思，就是在咖啡中加入巧克力、牛奶和搅拌奶油，有时加入冰块。这是一个奇妙的组合，当香醇的咖啡、浓郁的牛奶和丝滑的巧克力完美地结合在一起时，任何人都无法抗拒那诱人的魅力。

7）白咖啡（White Coffee）

咖啡从色彩上可分为白咖啡和黑咖啡。黑咖啡是咖啡豆加焦糖经过高温炭烤而成，这样做出的咖啡有焦苦、酸、焦糖和炭化的味道，甚至会伤胃、上火、造成黑色素沉淀等，不利于身体健康。

白咖啡是咖啡豆不加焦糖直接低温烘焙，去除了一般高温热炒及炭烤的焦枯、酸涩味，而且保留了原始咖啡的自然风味及浓郁的香气，不伤肠胃，不上火，低咖啡因，口感滑顺，甘醇芬芳。

3.2.3　咖啡的主要成分和养生功效

1）咖啡的主要成分

①咖啡因。咖啡因有特别强烈的苦味，能刺激中枢神经系统、心脏和呼吸系统。适量的咖啡因也可减轻肌肉疲劳，促进消化液分泌、促进肾脏机能、利尿，能排出体内多余的钠离子，但过量摄取会导致咖啡因中毒。

②丹宁酸。煮沸后的丹宁酸会分解成焦梧酸，导致冲泡过久的咖啡味道变差。

③脂肪。咖啡中主要含有酸性脂肪及挥发性脂肪。其中，挥发性脂肪是咖啡香气的主要来源。

除此之外，咖啡中还含有蛋白质、糖、纤维和多种矿物质。

2）咖啡的养生功效

①咖啡因会刺激中枢神经，兴奋神经，使人保持良好的情绪和机警度，提高思考力。

②咖啡富含 B 族维生素，烘焙后的咖啡豆含量更高，能促进肝脏代谢、保护肝脏，能抗衰老，保持年轻态。

③咖啡可预防胆结石。咖啡能刺激胆囊收缩，减少胆固醇，最新医学研究发现，每天喝 2～3 杯咖啡能有效降低得胆结石的概率。

④常喝咖啡可防止放射线伤害。放射线伤害尤其是电器的辐射已成为目前较突出的一种污染。印度巴巴原子能研究中心人员在老鼠实验中得到这一结论，并表示可以应用到人类。

⑤咖啡是调节心脏机能的强心剂，能保护心脏，能促进肾脏机能，利尿除湿，能活血化瘀，溶血及阻止血栓形成，预防心血管疾病。

此外，咖啡还能开胃促食，消脂减肥，美白美颜。常饮黑咖啡，能使你容光焕发，光彩照人。黑咖啡还有恢复肌肉的疲劳、抗氧化、抗癌、抗衰老的功效。

任何事物都有利有弊，咖啡也是一把双刃剑，既能促进强身健体，但饮用不当也会损害身体。咖啡因摄入过多会造成人的神经过度兴奋，导致失眠、亢奋、情绪不稳定，甚至会导致焦虑失调的人手心冒汗、心悸、耳鸣症状恶化，长期大量喝咖啡会加剧高血压症状，容易造成骨质流失，诱发骨质疏松。

3.2.4 喝咖啡的礼仪

1）拿杯

餐后的咖啡多用袖珍的杯子盛放，杯耳小，手指无法穿过去。但即使用较大的杯子，手指也不可穿过杯耳再端杯子。咖啡杯的正确拿法是用单手的两三个指头拿着杯耳端起杯子。不能用双手捧着喝。

2）用匙

咖啡匙是专门用来搅咖啡的，饮用咖啡时应当把它取出来，不要用咖啡匙舀着咖啡一匙一匙地慢慢喝。使用咖啡匙要轻拿轻放，不能碰撞盘碟发出叮当的声响，也不能用咖啡匙使劲搅拌咖啡或用来捣碎杯中的糖，铿锵地撞击杯壁。

3）凉热

如果咖啡太热，可以用咖啡匙在杯中轻轻搅拌使之冷却，或者等它自然冷却。用嘴对着咖啡吹凉，是很不文雅的动作。

4）杯碟

通常情况下，单手端起杯子喝咖啡，而托盘留在桌子上即可。但是如果深坐在沙发里，或桌子低矮，或远离桌子，或站立餐饮时，就要右手端杯，左手端着托盘，也不宜俯首去就咖啡杯喝，这一点与喝茶的礼仪相通。

5）喝咖啡

喝咖啡时，要细啜慢饮，不能大口吞咽，更不能发出"呼噜噜"或"滋滋"等不雅的声响。女士要留心不要将口红印在杯沿上，最好饮茶前先用餐巾按一下嘴唇。牛奶和糖要先让对方使用，但不要过分热情地替人加糖。喝咖啡时还要心存热爱与敬意，始终保持严谨的态度。

6）交谈

咖啡厅是优雅静谧的休闲场所，这里每个人的隐私都应得到尊重。因此，在咖啡厅切忌东张西望，过分关顾、探知别人的事情，切忌大声喧哗或不停地打电话。

7）温馨小贴士

卡布奇诺咖啡以其洋气的名字和香甜的口味受到时尚的年轻人追捧，可是，这里要提醒大家，卡布奇诺咖啡可不是随时都可以饮用的。因为卡布奇诺是早晨肚子饿时喝的咖啡，所以，如果你到朋友家做客或应邀参加聚会，晚餐后点一杯卡布奇诺，意思是"我吃得不满足"，这可是令主人尴尬难堪的事，是很无礼的举动。

3.3 温暖怡情的红茶

〖学习目标〗

1.了解红茶的起源和分类。

2.能设计具体的实践活动，修习下午茶的礼仪。

3.提高学生的文明意识和文明习惯。

〖导学参考〗

学习形式：以班级为单位，组织一次主题下午茶会，每人制作一款茶点与大家分享，并介绍自己所制作的茶点及其与红茶搭配的好处。

3.3.1 红茶知识

中国是茶的故乡，也是红茶的发祥地。红茶是在绿茶的基础上经发酵创制而成的，因其茶色呈红褐色、冲泡的茶汤以红色为主调，故名红茶。据史料记载，我国早在7—8世纪已开始制造红茶，最初生产的是福建崇安的小种红茶，后来又发展创制了工夫红茶。中国的工夫红茶曾雄霸国际红茶市场畅销不衰。15世纪葡萄牙人首先发现了东方这款神奇的饮品，1610年，荷兰人大量贩运中国红茶，红茶进入欧洲市场。1662年，葡萄牙公主凯瑟琳嫁给英皇查理二世，昂贵的中国红茶便伴随她的嫁妆走进了英国宫廷，喝红茶成为英国贵族的挚爱，并将它演绎成时尚华美的红茶文化，迅速风靡全世界。红茶贸易的巨大利润让英国人无法坐视中国独霸红茶市场，便在印度引种，印度以机械制茶，创制了著名的"碎红茶"。"碎红茶"以卓越的品质抢占了红茶市场的半壁江山。

目前，世界上著名的四大红茶有中国的祁门红茶、印度的大吉岭红茶、阿萨姆红茶、斯里兰卡的乌沃茶。此外，还有世界级品牌的红茶——英国伯爵红茶。

1）祁门红茶

祁门红茶产于中国安徽省祁门县，是世界三大高香茶之一，素有"茶中王子"的美誉。祁门红茶香气芬芳，馥郁持久，带有兰花香和苹果香味，汤色红艳，滋味醇厚，回味隽永，是"茶中英豪"。祁门红茶富含多种营养成分，具有健身养颜和药理疗效，是中国的国事礼茶，主要出口英国、荷兰、德国、日本、俄罗斯等几十个国家和地区，在国际红茶市场上独占鳌头。

2）大吉岭红茶

大吉岭红茶产于印度孟加拉省北部喜马拉雅山麓的大吉岭高原一带，那里气候凉爽，常年薄雾缭绕，得天独厚的地理条件孕育了大吉岭红茶与众不同的品质。其汤色橙黄红艳、清澈明亮，滋味甘甜柔和，气味芬芳高雅，尤其是上品大吉岭红茶还带有麝香、葡萄香味，可以调制成奶茶、冰茶及各种口味的花式茶。大吉岭红茶一年可采摘两次。三四月份采摘的一号茶多为青绿色，五六月份采摘的二号茶为棕褐色，香气馥郁持久，品质最优，被誉为"茶中的香槟"。大吉岭红茶也是世界三大高香茶之一。

3）乌沃茶

斯里兰卡的山岳地带盛产各种红茶，统称锡兰高地红茶，其中以乌沃茶最为著名，是世界四大红茶之一。乌沃茶属半发酵茶，其汤色橙红明亮，上品的汤面环有金黄色的光圈，犹如加冕一般。其口味独特，透出如薄荷、铃兰的芳香，滋味醇厚，虽较苦涩，但回味甘甜，风味颇具刺激性，在国际上久负盛誉。

4）阿萨姆红茶

阿萨姆红茶产于印度东北喜马拉雅山麓的阿萨姆溪谷一带。当地日照强烈，茶园需要种植高大的树木为茶树适度遮阳荫蔽，然而丰富的雨水，促进阿萨姆大叶种茶树蓬勃发育。阿萨姆红茶汤色深红，几近于褐色，清透鲜亮，带有淡淡的麦芽香、玫瑰香，滋味浓烈，并能与牛奶调配成香浓可口的奶茶，如果在阿萨姆红茶中加入生姜泥、红糖、豆浆，就是一道高效的减肥茶饮。阿萨姆红茶是世界四大红茶之一，是茶桌上的宠儿。

5）伯爵红茶

英国伯爵红茶是以红茶为基茶，用芳香的柑橘类水调味而成调味茶，具有十足的佛手柑的优雅香气。伯爵伯爵二世。相传英国维多利亚时代，首相格雷伯爵出 子险些溺水，幸亏伯爵的手下及时出手相救，才保全了孩子的性命。那位官员感激伯爵的救子之恩，就把一款奇异香气的红茶和配方赠送给伯爵，以表达内心的感激和友好。原来红茶中的柠檬香气是由佛手柑油散发出来的。伯爵十分喜欢这款香气典雅的红茶，就让他的茶商调制，很多前来拜访的客人也很喜欢，这款气味独特的红茶就从格雷伯爵的客厅传遍英国，伯爵红茶也由此得名。

红茶不仅是人们消遣时光的休闲时尚饮品，它还具有保健养生之功效。红茶有助消化、利尿消肿、生津清热、壮骨解毒、延年益寿的作用。伯爵茶具有独特的风味，香味浓郁迷人，添加牛奶后口感更为香醇，深受欧洲上流社会的欢迎。

3.3.2 休闲优雅的下午茶

1) 下午茶的由来

红茶是英国的国粹，当年葡萄牙公主凯瑟琳不仅带来了厚重的茶礼，还热衷传播红茶文化，所以英国贵族自上而下崇尚饮红茶。可以这么说，世界上还没有一个国家像英国那样，形成了如此丰富的红茶文化。

下午茶的兴起源于时尚追求，也源于生活习俗。17 世纪，英国上流社会的早餐都很丰盛，午餐较为简便，而社交晚餐则一直到晚上 8 时左右才开始，人们便习惯在下午 4 时左右吃些点心，喝杯茶。工业革命迅速发展，快节奏的生活给中产阶级、工人阶级带来的工作压力前所未有，许多人一醉解千愁，酗酒滋事，扰乱社会的恶习蔚然成风。维多利亚女王将怡心养性的茶文化推广到民间，试图以令人愉悦平和的茶文化纾解压力，改善习俗。

当时，公爵夫人安娜志趣高雅，每天安排厨师做奶油面包和蛋糕配红茶，并经常邀约好友共度午后的美好时光。人们纷纷效仿这种形式组织社交活动，休闲优雅的下午茶很快便在英国上流社会流行起来。有一次，安娜用下午茶点心招待维多利亚女王，女王龙心大悦，并从中看到了整饬风俗、开发经济的契机。据说女王高兴得三天没回家，召集一些贵族夫人研究开发"下午茶"，制定下午茶的时间、形式、礼仪、茶点款式等，使之更加完善，更加精益求精。

下午茶赋予红茶以优雅的形象及丰富华美的品饮方式，成为英国人招待朋友开办沙龙的最佳社交形式。享用下午茶时，英国人喜欢选择极品红茶，配以中国瓷器或银制茶具，摆放在铺有纯白蕾丝花边桌巾的茶桌上，并且要在舒适幽雅的环境中，伴随悠扬典雅古典音乐，尽享精制的茶点和浪漫的情怀。因此，下午茶文化不仅给英国人带来了生活和精神享受，还推动了周边文化和经济的发展。诸如茶具的需求带动了陶瓷业与银制餐具业的兴起；下午茶对华美幽雅环境的需求带动了室内装潢、家具、插花艺术的发展；与会者的礼仪要求带动了服装业的繁盛……

2）下午茶的定制

（1）午后美好时光

起源于英国的下午茶传统，如今已经演变成了一种高雅的生活体验。在悠闲的假日午后，不妨效仿英国的贵族们，准备一桌精美可口的 Low Tea，再配上一本好书，在茶香的陪伴下，享受这最精致悠然的假日生活。英式下午茶一般在午后的 4 点钟，素称 Low Tea。

（2）享用美味点心

下午茶的茶点是非常考究的，精美的茶点盛放在一个三层架构的托盘上，从下到上分别为三明治、英式点心、芝士蛋糕和水果挞，吃时的顺序一般是自下而上，由淡到重，由咸到甜。先尝尝带点咸味的三明治，让味蕾慢慢品出食物的真味，再啜饮几口芬芳四溢的红茶。接下来是涂抹上果酱或奶油的英式松饼，让些许甜味在口腔中慢慢散发，最后才由甜腻厚实的水果挞带领你品尝下午茶点的美味（彩图 7）。

（3）细啜慢饮品红茶

下午茶的主角是红茶，中国祁门红茶、印度的大吉岭红茶、阿萨姆红茶、斯里兰卡的乌沃茶、英国伯爵茶、奶茶等都是下午茶桌上的首选、专用，尤其是来自遥远东方的中国祁门红茶更是无上的嘉宾，是主人品位与财富的象征。

（4）品赏精致的茶器

茶叶的选择、喝茶的器皿、丰盛的茶点，成为英式下午茶的三大传统流传至今。一套完备的传统英式下午茶，需要很多不同的器皿和用具。从陶瓷茶壶、杯具组、糖罐、奶盅、七英寸个人点心盘、点心架点心盘、放茶渣的小碗，到茶壶加热器、茶叶滤匙及放过滤器的小碟子、茶匙、奶油刀、蛋糕叉以及两层或三层点心架都极为讲究。从而可以看出，英国的陶瓷业也因下午茶而发扬光大。

著名瓷器品牌有至尊贵气的皇家道尔顿（Royal Doulton）、皇家伍斯特（Royal Worcester）、奢华精致的明顿（Minton），还有一些著名的时装品牌也推出了他们时装化的独特茶具，如范思哲（Versace）、爱马仕（Hermes）的茶具，款款都是至精至美。英国的瓷质茶具被称为"世界上最精致的瓷器"之一。

（5）创设优雅舒适的环境

主持下午茶的主人会把家中最好的房间或庭院装饰一新，用来招待客人。下午茶是品味高雅的英国人消遣时光的最佳方式。在午后难免寂寞的时光里，三五好友、几个知己叙旧话往、温馨风雅；一家老小围坐庭院，其乐融融地享受天伦之乐；一群同道朋友，相聚在一起，品饮着香茗、指点江山、共话人生；或者一群劳顿失意的人，同病相怜、纾解工作的辛劳或内心的烦闷。下午茶让不同阶层、不同群体的人找到了自在舒适的生活方式，让人在优雅的氛围里感受祥和、温暖，下午茶是人们修养心灵的驿站。

3.3.3　下午茶的礼仪

1）衣着整洁典雅

维多利亚时代，女士赴下午茶会要穿考究的花边蕾丝裙，将腰束紧，且一定要戴帽子。茶要细啜慢饮，点心要细细品尝，交谈要低声絮语，举止要仪态万方。男士则要衣着淡雅入时，举止彬彬有礼。

2）举止文雅得体

喝茶时，使用汤匙要轻拿轻放，不能碰撞盘碟发出叮当的声响，也不能用汤匙使劲搅拌，铿铿地撞击杯壁，更不能发出"呼噜噜"或"滋滋"等不雅的声响。女士要留心不要将口红印在杯沿上，最好饮茶前先用餐巾按一下嘴唇。牛奶和糖要先让对方使用，但不要过分热情地替人加糖。喝茶时还要热爱与敬意，始终保持严谨的态度。

3）热情待客，礼仪周全

邀约主持下午茶会的女主人要穿戴正式服装亲自为客人服务，让每位到访的客人享受最贴心周到的服务，只在万般无奈的情况下才请女佣协助，以表示对宾客的尊重。女主人要在家中最好的客厅里接待客人，要殷勤地沏茶端水，烤制香甜可口的茶点供客人享用。

4）点心食用礼仪

茶点通常都是小巧玲珑的，如三明治一定是那种指头三明治，吃起来优雅，不失礼仪。英式点心的吃法是先涂果酱，再涂奶油，吃完一口，再涂下一口。这是绅士淑

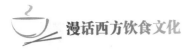

女风范的礼仪。

5）喝茶的礼仪

通常情况下，单手端起杯子喝茶，而托盘留在桌子上即可。但是如果深坐在沙发里，或桌子低矮，或远离桌子，或站立餐饮时，就要右手端杯，左手端着托盘。

英式下午茶是英国美食料理的精华，格调高雅，约上三五个好友或贴心闺蜜，一起吃着秀色可餐的三明治、甜点或司康饼，边聊边吃，一吐心中的块垒，相偎相惜，实在是一段有滋有味的美好时光。

一、知识问答

1. 西餐的最后一道菜是＿＿＿＿＿＿，它虽然种类繁多，不胜枚举，但以＿＿＿＿＿＿和＿＿＿＿＿＿出产的名品尤多。生活中经常食用的种类有＿＿＿＿＿＿、＿＿＿＿＿＿、＿＿＿＿＿＿、＿＿＿＿＿＿、＿＿＿＿＿＿、＿＿＿＿＿＿。

2. ＿＿＿＿＿＿在意大利语里有"带我走"的意思，象征爱和幸福。

3. 用来讽刺法国中世纪奢靡贪腐之风，寓意过度膨胀的虚无主义，最终难逃坍塌的命运的甜点是＿＿＿＿＿＿。

4. 象征着吉庆、友好、和平的＿＿＿＿＿＿，在奥地利公主与法国皇太子的大婚之宴上，曾作为压轴甜点，为长期的战争画上休止符。

5. ＿＿＿＿＿＿、＿＿＿＿＿＿、＿＿＿＿＿＿被列为欧洲三大美食文化。其中奶酪是主餐后、甜点前代替甜点的＿＿＿＿＿＿。奇臭无比的奶酪深得法国人的热爱，称它为＿＿＿＿＿＿。

6. 请说出 6 个以上著名甜点品牌的名称：＿＿。

7. 世界上咖啡三大出产地有＿＿＿＿＿＿、＿＿＿＿＿＿、＿＿＿＿＿＿，咖啡产量最多的国家是＿＿＿＿＿＿，因为产量极少而稀缺珍贵的咖啡是＿＿＿＿＿＿。

8. 最适合早餐饮用的两款咖啡是＿＿＿＿＿＿和＿＿＿＿＿＿。但是，如果你到朋友家做客或应邀参加聚会，晚餐后决不能点＿＿＿＿＿＿咖啡，因为它是早晨肚子饿时喝的咖啡，所以晚餐后点这款咖啡，寓意是"我吃得不满足"，这是很失礼的。

9. 请细说世界上常用的咖啡品牌名称＿＿＿＿＿＿＿＿＿＿＿＿＿＿＿＿＿＿＿＿。摩卡咖啡产自＿＿＿＿＿＿，意思是＿＿＿＿＿＿。

10. 红茶的故乡是＿＿＿＿＿＿，但促进红茶市场发展，把它演绎成风靡世界的红茶文化的却是＿＿＿＿＿＿，世界上著名的四大红茶有＿＿＿＿＿＿、＿＿＿＿＿＿、＿＿＿＿＿＿、＿＿＿＿＿＿。

二、思考练习

1.你怎样看待下午茶这种休闲方式?

2.课后请查找收集以咖啡、红茶为原料制作的甜点,并说说对你的启示。

三、实践活动

　　以班级为单位组织一次茶话会,各小组分工合作,各选一个话题分别介绍咖啡、红茶和甜点,表演各种饮食的食用礼仪,并以"餐桌上的文明"为主题作总结报告。

第4章
各具特色的西餐风味流派

　　西餐，是对西方餐饮的总称，习惯上是指欧洲国家和地区以及以这些国家和地区为主要移民的北美洲、南美洲和大洋洲的广大区域，这些地区的饮食，我们统称为西餐。

　　近现代的西方各国，经济和工业十分发达。同样，他们的饮食文化，也是缤纷五彩的。与东方国家一样，西方不同国家的人有着不同的饮食习惯。就如中国有八大菜系一样，西方各国也有自己的餐饮特点，代表性的有法式、英式、意式、俄式、德式、美式等多种不同风格的菜肴。

　　法式大餐至今仍名列世界西菜第一，加工精细，烹调考究；英国的饮食烹饪，有家庭美肴之称，讲究鲜嫩，口味清淡；意大利餐是西餐鼻祖，浓重朴实，讲究原汁原味，其中，意大利面条更是闻名世界；德国人对饮食不太讲究，口味厚重，简单实用；俄式菜肴在西餐中影响较大，品种丰富多彩；美国菜是在英国菜的基础上发展起来的，也是同样的简单和清淡；西班牙菜肴以海鲜为主，各地小吃琳琅满目，让人应接不暇。

　　本章引领同学们了解西餐的不同菜系及其特色，徜徉在唯美浪漫、文明优雅、美味营养的西餐世界里，领略世界各地的异俗风情、善美文化，烹制出令人口舌生津的美味佳肴，以飨世人，创造快乐幸福的人生。

4.1　概　述

〔学习目标〕
1. 了解西餐概念及其发展简史。
2. 掌握中西餐饮食文化差异，丰富饮食文化知识。
〔导学参考〕
1. 学习形式：小组讨论。各小组讨论自己了解的中西餐饮食的相关知识，并任选一个创意话题自主设计。
2. 可选话题：中西方饮食文化的差异；浮光掠影话西餐。
3. 成果汇报：形式可以灵活多样，小组成员分工合作，全员参与。

4.1.1　西餐的含义

在中国，西餐已经并不陌生。随着我国经济文化社会的迅速发展，我们开始越来越频繁地接触西餐，尤其是西式快餐，已经成为年轻人日常生活的一部分。

那么，究竟什么是西餐呢？西餐英文名 Western Cuisine，"西"是西方的意思，一般指欧洲各国；"餐"就是饮食菜肴。西餐顾名思义就是西方国家的餐食，准确称呼应为欧洲美食或欧式餐饮。西餐狭义地讲，是对西方国家菜点的统称。因为餐饮往往伴随着地域文化，所以，从广义上讲，西餐是对西方国家餐饮文化的统称。所谓西方国家，习惯上是指欧洲国家和地区，以及由这些国家和地区为主要移民的北美洲南美洲和大洋洲的广大区域，因此，西餐在广义上指代的主要便是以上区域的餐饮文化。

与中国拥有不同的地域餐饮文化一样，欧洲各国也一样拥有不同的餐饮文化。由于欧洲各国的地理位置较近，历史上曾多次出现过民族大迁移，其文化包括餐饮文化早已相互渗透，相互融合，彼此间有很多共同之处，再有在中世纪罗马时代形成的饮食习惯、饮食品种、饮食禁忌、餐饮形式、进餐习俗等也表现出了相当多的共性，这与中国餐饮流派一样，也是拥有许多共性。实际上，西方各国的餐饮文化都有各自的特点，各个国家的菜式也不尽相同。例如，法国人会认为他们做的菜是法国菜，英国人则认为他们做的菜是英国菜。需要指出的是，西方人并没有明确的"西餐"这个概念，这个概念只是中国人和其他东方人的概念。

4.1.2　西餐发展简史

人类饮食文化的发展与文明史是密不可分的，西方国家也不例外，他们的餐饮文化同样也是随着文明的逐渐进步而慢慢发展起来的，形成了今天的格局与特点。西餐大致经历了3个重要的发展阶段。

第一个阶段是随西方文明一起诞生的。西方文明最早是在地中海沿岸发展起来的，公元前2000年前后，也就是中国历史上的夏朝时期，克里特岛以及爱琴海诸岛的古希腊人在古埃及和西亚先进文化的影响下，创造了欧洲最古老的文化——爱琴文化。到了公元前5世纪，也就是中国的春秋时期，在古希腊属地的西西里岛上出现了高度发达的烹饪文化，煎、炸、烤、煮、焖、熏等多种烹调方法开始被广泛应用，厨师的地位得到了社会的认可和尊敬。随着古罗马帝国时期的疆域不断扩大，上层社会对餐饮文化越来越重视，很快把餐饮文化发展到一个新的水平高度。当时，在古罗马的宫廷膳房里，已经出现了庞大的厨师队伍，形成了细致明确的分工，厨师的地位得到迅速提升，宫廷厨师总管的身份竟然达到与贵族大臣相同的地步，烹调方法也日臻完善，发明了数十种调味汁的制作方法，并制作了最早的奶酪蛋糕。古罗马时期的餐饮文化后来影响了大半个欧洲，被誉为"欧洲大陆烹饪文化之始祖"。

第二个阶段是在罗马帝国灭亡后，当时的整个欧洲进入"黑暗中世纪"阶段，也就是中国从东晋到明朝这一历史时期，在这长达1 000多年的历史时期，欧洲大部分地区的餐饮文化与他的文明一样，几乎停滞不前。直到15世纪中叶，随着欧洲文艺复兴，西餐与文艺一样，以意大利为中心得以迅速发展，各种名菜、甜点不断涌现，出现了享誉世界的意大利空心粉。到17世纪前后，餐桌上出现了切割食物的刀、叉等餐具，至此结束了用手抓食物的原始进食方法。18—19世纪，随着西方工业革命和自然科学的进步和发展，西方餐饮文化也到达一个崭新阶段，瓷器餐具被普遍应用，先进的炊具和餐具不断涌现，各种精美的餐具令人目不暇接，社会上也涌现出大量的饭店和餐厅，形成了高度的餐饮文明。

第三个阶段是20世纪，也是西方餐饮文化发展的鼎盛时期，原来只被少数人享用的宫廷大菜已走出高阁，逐渐在民间普及，并得到飞速发展。旧时的王谢堂前燕，终于飞到了普通百姓家。西餐也朝着个性化、多样化的方向发展，品种更加丰富多彩。20世纪50年代，由于第二次世界大战结束后经济迅速发展，人们生活节奏加快，生活方式改变，餐饮业与工业一样，也开始走上了标准化生产的道路，"速食"食品就在美国发展起来，"快餐业"随之兴起。到20世纪70年代初，快餐业的发展达到了最高峰。20世纪70年代，以法国保罗·博古斯等为代表的一批顶级厨师，尝试弃法国传统经典大菜的那种富丽堂皇、精致烦琐的作风，摒弃厚重油腻的酱汁，以强调展现原料自身的本味，从而开启了法国新派料理的风气。

进入21世纪，概念中的分子美食成为当今西餐厨艺的亮点，分子烹饪的时尚风潮正席卷着全球的烹饪界，众多星级酒店，餐厅的大厨趋之若鹜，争相效仿。

4.1.3 西餐在中国的发展

西餐传入我国可追溯到13世纪，意大利旅行家马可·波罗到中国旅行将部分的西餐制作技术带到了我国，但并无太大的影响力。

在 17 世纪中叶，也就是明朝时期，西餐在中国得到初步传播。当时西欧一些国家已经出现资本主义，一些资本家、商人、为了寻找市场，陆续来到我国广州等沿海地区通商。此外，一些西方传教士和外交官也不断到我国内地传播西方文化，同时将西餐技艺带到了中国。据记载，1622 年来华的德国传教士汤若望在京居住期间，曾以蜜、面和鸡卵制作的"西洋饼"来招待中国官员，食者皆"诧为殊味"。这是我国最早有明确文字记载的西方食品。

1840 年鸦片战争以后，西餐真正传入我国，西方的工业品和饮食文化也一起传入了中国，同时也带来了西餐技艺。在西餐馆工作的中国厨师也逐渐掌握了西餐技艺。到清朝光绪年间，在外国人较多的上海、北京、广州、天津等地，已经出现了许多由中国人经营的西餐厅以及咖啡厅、面包房等，被称为番菜馆，从此，中国有了西餐行业。据清末史料记载，最早的番菜馆是上海福州路的"一品香"，在北京最早出现的是光绪年间的"醉琼林""裕珍园"等。

1900 年，北京出现了"租借地"。租借地使西方行业也随之安营扎寨，番菜馆如雨后春笋般冒了出来。这一年，两个法国人在北京创办了北京饭店，1903 年建设了得利面包房。随后，西班牙人又创办了三星饭店，德国人开设了宝珠饭店，希腊人开设了正昌面包房，俄国人开设了石根牛奶厂，等等。到 20 世纪 20 年代初，上海的西餐得到了迅速发展，出现了几家大型的西式饭店，如查理饭店、汇中饭店、大华饭店等，进入 20 世纪 30 年代，又有了国际饭店、华懋饭店、上海大厦等相继开业。这些饭店都以经营西餐为主。此外广州的哥伦布餐厅、天津的维克多利饭店、哈尔滨的马地尔饭店等也都是这一时期出现的。随着这些西餐饭店的兴起，在中国上层社会掀起了一股西餐浪潮，享用西餐成了当时权贵阶层的一种时尚。

20 世纪 80 年代后，随着我国对外开放政策的实施，经济的发展，旅游业的崛起，西餐在我国的发展进入了一个新的时期。在北京、上海、广州等地相继兴建了一批设备齐全的现代化饭店，世界上著名的希尔顿、喜来登、假日酒店等酒店集团相继在中国设立了连锁店。这些饭店的兴起，引进了新设备，带来了新技术、新工艺，使西餐在我国得到了迅速发展，菜系也出现了以法式菜为主，英、美、俄等菜式全面发展的格局。标准化生产的麦当劳、肯德基、必胜客等著名西式快餐相继在中国落户，加快了西餐在我国的普及。

4.1.4　中西餐饮食文化差异

中西方在社会发展、传统思想、生活习俗等方面的差异，造成了中西哲学思想不同，从而也造就了中西饮食文化的差异。这种差异，体现了中西方不同的思维方式和处世哲学。中国作为一个拥有悠久历史的东方古国，与西方国家在饮食观念、内容以及烹饪方式等方面都存在着显著的差异。

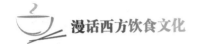

漫话西方饮食文化

1) 中西餐饮食观念上的差异

中国有两句谚语：一是民以食为天，二是食以味为先。这两句话很好地表明了中国人对于饮食的态度。所谓的开门7件事：柴米油盐酱醋茶，件件不离饮食。从红白喜事到逢年过节，从呼朋唤友到迎来送往，无处不是用吃来表达最简单却又是最有文化内涵的心理情感。通过吃，可以交流信息，也可以表达欢迎或惜别的心情，甚至用吃来解决棘手的各类问题。吃的形式背后，蕴涵着丰富的心理和文化，体现出了更为深刻的社会意义。这种价值理念形成了中餐以食表意、以物传情的特点，注重饭菜的色、香、味、形、意，很少考虑饭菜的营养性，中国饮食的美性追求明显压倒了理性，与中国传统的"天人合一"哲学思想也是吻合的。这种"民以食为天"的观念，被许多外国研究者冠以"泛食主义"的文化倾向。

西方人注重"以人为本"，是一种理性的、讲求科学的饮食观念，在英、美等西方国家，自始至终坚持着饭菜的实用性特点，从营养角度出发，强调饮食的营养价值，重视食物对人体的健康。他们注重食物所含蛋白质、脂肪、热量和维生素的多少，是否能被人体充分吸收，有无副作用，尽量保持食物的原汁原味和天然营养。针对西方的饮食观念，林语堂先生曾总结过：西方人的饮食观念不同于中国，以营养为最高准则，就像对一个生物的机器注入燃料，保证其正常的运行，保持身体健康、结实，足以抵御病菌、疾病的攻击，其他皆不足道。美国心理学家亚伯拉罕·马斯洛在著名的需求理论中将人的需求由低级到高级划分为五个层次，饮食则被划分在第一层，即作为人类的最低级的需求，在此之上还有安全需求、情感需求、尊重需求及自我实现需求。由此可见，"吃"在他们的心目中只是起到了一种维持生命的作用，仅仅作为人类的最低需求而存在。

2) 中西餐饮食内容上的差异

中国是个农业大国，饮食从先秦开始，就以素食为主，肉是比较少的，在中国，可入食的蔬菜有600多种，是西方国家的6倍。但这并不说明中国的食材里缺肉，相反，却是无肉不可以入餐，只因为量少，显得弥足珍贵而已。由于受到"泛食主义"文化倾向的影响，中华饮食文化内容极其丰富，食材多样，菜系林立，每一种菜系和菜肴都体现了一个"精"字。孔子曾说：食不厌精，脍不厌细。精品意识渗透到了整个饮食活动的过程中，从选料、烹调、配伍、器皿乃至环境，都强调要突出这个"精"字。与此同时，中国人还相当重视饭菜的味道，强调一个"美"字。而美味的产生，在于调和，主料辅料的调和之味，交织融合在一起，使之互相补充，互助渗透，水乳交融。中国烹饪讲究的是调和之美，求的是"色香味俱全"的精美。中国人喜欢热食，除正菜前的小碟是冷菜外，主菜基本都是热的。在中国人看来，热菜凉了，就少了许多味，俗话说"一热三鲜"就是这个意思。

西方国家继承了游牧民族的诸多饮食习惯，以渔猎、养殖为主，荤食比较多。他们对动物蛋白质和脂肪的摄取比较多，饮食结构上，主要是牛肉、鸡肉、猪肉、羊肉和鱼等。因此肉食在饮食中比例一直很高。虽然到了近代，种植业比重增加，但是肉食在饮食中的比例仍然很高。另外，西方人喜爱冷食、凉菜，从冷菜拼盘、色拉到冷饮，餐桌上少不了冷菜。西方人多生吃蔬菜，如果加热烹调，认为会造成营养损失，不仅西红柿、黄瓜、生菜生吃，就是洋白菜、洋葱、绿菜花、西兰花等也都生吃，吃起来比较随意，并不过于追求口味，摄取到足够的营养即可。

3）中西餐在烹饪方式上的差异

中餐的烹饪方式较多，较为复杂，常用方法有 24 种：炒、爆、熘、炸、烹、煎、贴、烧、焖、炖、蒸、氽、煮、烩、炝、腌、拌、烤、卤、冻、熏、卷、滑、焗。中餐之所以烹饪方式较多，是因为中餐菜系林立，各种菜系所侧重的烹饪方式不一。不同的地理环境和气候的不同导了了物产的不同，各个菜系因地制宜，形成了一套自成体系的烹饪技艺和风味，却又相互借鉴。中餐的烹调通常合为一体，五味调和，不同而和，却又和而不同，处处体现着对于人的需求的科学认识和对于生存、自然等问题的某些哲学性思考。

西餐的烹饪方法不像中餐那样复杂多变，更容易形成标准化。主要为煎、炸、炒、煮、烤、焖等，烹饪过程都严格按照"规范"行事，选料精细，要求严格，工艺细腻，调料配比是固定的，烹调时间严格精确，以期达到最佳的营养搭配，因而厨师的工作就成为一种极其单调的机械性工作。西餐的装盘立体感强，可食性强，所有进盘的食品绝大多数都能食用，多选择新鲜、无污染、天然的。烹饪操作工艺自然，尽量发挥食品本味，西方人饮食强调科学与营养，因此烹饪方法标准化，菜肴制作规范化。

总之，由于中西方传统文化的不同，引起了中西方饮食文化的差异，随着中西跨文化交际的发展，中西饮食文化会不断交流、互补和兼容。作为烹饪学校的学子，我们要研究西餐的精髓，取长补短，精益求精，发扬和传承中华美食！

4.2　西餐饮食流派

〔学习目标〕

1. 掌握西方饮食流派及其代表性的特色菜肴。
2. 讲述经典菜肴的故事由来，丰富饮食文化知识。
3. 学会制作和创意西餐菜肴，培养创新意识。

〔导学参考〕

1. 学习形式：小组合作，话题演讲。各小组主持讲授各流派的代表菜及其相关知识，并任选一个创意话题自主设计、汇报成果。
2. 可选话题：法式、英式、意式、俄式、美式等菜肴。

3.创意话题：

①从法式菜肴看法国菜为什么名列世界西菜之首？

②为什么英式菜肴有"家庭美肴"之称？

③浅谈西餐各大流派的特点。

④也可自己创意话题。

4.成果汇报：演讲形式要灵活多样，可制作多媒体课件、手抄报、设计主题板书、绘制图片等，以展示各式菜肴及相关知识，小组成员分工合作，全员参与。

4.2.1　法国饮食概况

1）饮食概况

法国的地理位置得天独厚，属地中海气候，具有丰富的物种，土地适宜种植。情感细腻，思想浪漫的法国人不仅创造了辉煌的艺术殿堂，还创造了的无上美妙的美食王国。

法国的饮食文化历史悠久，据说源起于意大利。公元 1533 年，凯瑟琳·狄·麦迪奇下嫁法国王储亨利二世。当她从威尼斯来到法国时，带了 30 位厨师前往，将新的食物与烹饪方法引入法国。从路易十四开始，法国的饮食文化就世界闻名，在法式宴会鼎盛时期，餐桌上一次可上 200 道菜。

法国人一向以善于吃并精于吃而闻名，法式大餐至今仍名列世界西菜之首。

法国人通常将美食和艺术结合起来，饮食和艺术相辅相成，互相渗透。法国主厨一般都经过专业的训练，他们不仅具备高超的厨艺，更具有艺术家的天赋。法国人天性具有浪漫的情怀，他们特别讲求用餐时的环境，比如幽幽的烛光、精美的餐具、典雅的环境等等。法国人将共同用餐看作是结交朋友、联络感情的一种乐趣。有一位被称为世界级膳食家的人曾说：通过感受餐桌上的进餐气氛，就可以比较容易地判断出这个国家国民的整体个性。

法国人最爱吃的菜是蜗牛和青蛙腿，最喜欢的食品是奶酪，最名贵的菜是鹅肝，家常菜是炸牛排外加土豆丝，此外，法国是世界著名的葡萄酒产地，其生产葡萄酒的历史悠久，法国人对于酒在餐饮上的搭配使用非常讲究。看法国人的饮食习惯会让你充分感受到法国浪漫气息以及那源远流长的法国文化。

法式菜是西式菜中最讲究的菜式，法式菜肴的特点是：选料广泛，加工精细，烹调考究，口味浓郁，质地鲜嫩。法国物产丰富，从各类海鲜到稀有珍蘑，乃至蛤牛、百合，都是法式宴席上的佳肴。法式菜比较讲究吃半熟或生食，如牛排、羊腿以半熟鲜嫩为特点，海味的蚝也可生吃，烧野鸭一般以六成熟即可食用，风味独佳，倍受世人欢迎。法国人还十分喜爱吃奶酪、水果和各种新鲜蔬菜，品种多样。

法式菜普遍用酒来调味，不同的菜选用不同的名酒都有严格的规定，如清汤用葡萄酒，海味品用白兰地酒，甜品用各式甜酒或白兰地等。例如，一种叫比亚贝斯的鱼菜，将肉质白嫩的鱼和大虾切好，在开水中略煮一下，再在冰水中洗去表面污物，另将洋葱末、大蒜等用油炒一下，放入鱼、虾块，加入白兰地酒，用火将酒点燃可去除腥味，再加入葡萄酒增香，加入西红柿与藏红花、肉桂等，最后在上面撒些芹菜末，可谓色香味俱全。

法国菜十分讲究调料，常用的香料有：百里香、迷迭香、月桂（香叶）、欧芹、龙蒿、肉豆蔻、藏红花、丁香花蕾等10多种。法国菜中胡椒最为常见，几乎每菜必用，但不用味精，极少用芫荽。调味汁多达百种以上，既讲究味道的细微差别，还考虑色泽的不同，百汁百味百色，使食用者回味无穷，并给人以美的享受。

法国人吃饭的程序是：首先喝开胃酒，以酒精浓度较高的酒为主，同时吃点小咸饼干，让胃适应一下。第一道菜一般是凉菜；第二道是汤，美味的法式汤类，有浓浓的肉汤、清淡的蔬菜汤和鲜美的海鲜汤。第三道菜是正菜，往往做得细腻考究，最多的是各种"排"，有鸡排、鱼排、牛排、猪排。这些排是剔除骨头和刺的净肉，再浇上配制独特的汁，味道鲜美，吃起来也方便。主食永远是法式面包。正菜之后是奶酪或加拌生菜，最后是饭后甜食、咖啡或茶，有时还追加喝点消化酒。

法国各地都有传统的代表菜，如多尔多涅的油浸鸭肉及鹅肝、阿尔萨斯的酸菜肠、布列塔尼的黑面炖肉和薄饼、诺曼底的牛羊下水、普罗旺斯鱼汤等。现代的新式法餐更着重味道的细腻及摆盘的精美，使人的味觉和视觉都得到美的享受。法国菜在西餐中独树一帜，闻名于世，人们还将这种艺术烹调运用于社交场合中。

提起法国菜不得不说法餐三宝：蜗牛、鹅肝和龙虾。

（1）蜗牛

法国大蜗牛是一种大型的陆生蜗牛，卵圆形外壳质地厚且不透明，多为灰白色至浅棕色伴有多条模糊的棕色带，体螺层膨大，螺旋部矮小，壳面有明显的生长线，壳高35～40毫米、宽38～45毫米，一般重30～50克。法国人早在几百年前就知道了蜗牛的鲜美，他们从那时起开始食用蜗牛，并以蜗牛为原料制作各种菜肴。曾经生活在勃艮第地区的野生蜗牛非常多，如今价值千金的蜗牛在当时只是法国农民餐桌上的家常菜而已。除了法国大蜗牛，还有另外两种同属的蜗牛也常常出现在法式焗蜗牛这道菜里，它们外形和习性相似，并且都有大量人工养殖。由于法国人喜食蜗牛的传统和蜗牛的减少，所以蜗牛在法国就变得越来越名贵，最终成为有钱人至尊独享的佳肴，并升级成为法国的"国菜"。

（2）鹅肝

据说4 000多年前的古埃及人嗜食鹅肉，他们发明了各种各样的烹制鹅的方法，但是真正发现食用鹅肝的乐趣及美味的却是两千多年前的罗马人。起初，罗马人搭配着无花果食用肥鹅，这种滋味奇妙的美食甚至被西泽大帝视为极品佳肴。后来，民间渐渐开始有人用鹅肝制作肉冻或肉酱，并搭配法国面包食用，既简单方便又经济实惠。法国路易十六时期，有人将鹅肝作为贡品进献给国王，品尝之后，国王大加赞赏，加上当时许多知名作家、音乐家的钟爱推崇，鹅肝从此声名大噪，并逐渐闻名世界。

做肥鹅肝所选用的鹅都是专门饲养和挑选的，手段极其残忍，基本不允许鹅运动。这些鹅春天出生，到秋天，每天都要被1千克多的混合饲料采用填鸭式的方法喂养，时间长达4周左右，直到鹅的肝脏被撑大为止。被选中做鹅肝的鹅有极为特殊的标准。首先体型要足够大才可以，其次，鹅肝的颜色也至关重要，上好的鹅肝一般是青黄色，受伤或破损的鹅肝是不被采用的。一般鹅肝中只含脂肪2%~3%，而此种鹅肥肝脂肪含量可高达60%左右，并且鹅肥肝以不饱和脂肪为主，易为人体所吸收利用，而且食后不会发胖，还可降低人体血液中的胆固醇含量，其内含人体生命不可缺少的卵磷脂比正常鹅肝增加了3倍。正是因为鹅肝的营养丰富和资源缺少，所以更加明确和巩固了鹅肝在法餐中的重要地位。

（3）龙虾

"法餐三宝"之一就是海鲜。法国是个海滨国度，丰富的海鲜产品常年供应不断，为法国的海鲜美食提供了源源不断的货源。法国盛产牡蛎和龙虾。牡蛎利尿壮阳，最受男性专宠，而兼具补肾壮阳、滋阴健胃的龙虾则是男女咸宜的养生佳品，比较符合大众口味。龙虾登上法国人的餐桌由来已久，在享誉世界的法式大餐中扮演着特殊的角色，它是吉祥喜庆的象征。因此，只有在特别隆重的庆祝场合，法国人才会大啖龙虾。这个习惯一直延续到今天。所以，如果在法国人的餐桌上看见龙虾，那一定意味着当天是个好日子，或是主人有好消息要向宾客们宣布了。

法国人特别讲究饮食文化，甚至把个人的荣辱与饮食共存亡。法国知名厨师瓦泰勒，在一次宴请客人时因烤肉和鱼不能满足客人的需求而羞于在世，拔刀自刎。由此可见，法国的厨师已经把烹饪水平的好坏与自己的荣辱联系在一起。

2）传统法国菜肴介绍

（1）法式牛排

原料：牛排500克。

辅料：鸡蛋150克，面包150克，小麦面粉50克。

调料：盐4克，胡椒粉3克。

做法：

①鸡蛋打匀成蛋液，白面包去边上硬皮，切成米粒大，拌上精盐1克，待用。

②牛排切成片，用刀背捶松拍平，抹上精盐、胡椒粉，沾上干面粉，再在蛋液中拖一下，沾上面包粒，盖一薄纸，手掌在纸上轻轻按压一下，使面包粘牢。

③烤盘中放入熟植物油250克，先用250℃加热约5分钟，调温至200℃，将牛排放于油中，煎约5分钟，翻面再煎10分钟，见表面焦黄色即捞起。

④食用时可配上辣酱油或番茄沙司。

特点：外焦黄味酥香，里鲜红味鲜嫩。

（2）法式鸡蛋火腿沙拉

原料：熟鸡蛋750克。

辅料：熟土豆 250 克，鲜黄瓜 150 克，酸黄瓜 150 克，卷生菜 250 克。

调料：火腿 250 克，精盐 15 克，胡椒粉 1 克，植物油 100 克。

做法：

①将熟鸡蛋去皮，用切蛋器切圆片。

②把熟土豆去皮，切同样大小的片；将黄瓜去皮、籽，切片；火腿切细丝，一起入盆，下入盐、胡椒粉、植物油，拌匀入盘。

③将消毒洗净的卷生菜沥尽水，入盘围边即成。

特点：腊味清香，鲜咸爽口。

（3）法式煎猪肝

原料：猪肝 1 750 克。

辅料：土豆（黄皮）100 克，洋葱（白皮）150 克。

调料：大蒜（白皮）50 克，小麦面粉 75 克，盐 10 克，胡椒粉 1 克，辣酱油 50 克，植物油 180 克。

做法：

①提前把土豆洗净煮熟剥皮捣成土豆泥；葱头洗净切成葱头末；大蒜去皮洗净切成末。

②将猪肝切 20 片，撒盐、胡椒粉、粘面粉，用热油煎黄，将肝取出，用煎肝的油炒葱末，蒜末，炒黄后用辣酱油调好口味，将肝放在一起加热，起菜配土豆泥即可。

特点：味浓适口，郁香不腻。

法国代表菜肴：马赛鱼羹、鹅肝排、巴黎龙虾、红酒山鸡、沙福罗鸡、鸡肝牛排等。

4.2.2 英国饮食概况

1）饮食概况

英国是大不列颠岛和爱尔兰岛东北部及附近许多岛屿组成的岛国，海域广阔。英国人的饮食文化比较注重营养成分，讲究菜肴质好量精、花样多变。英国人还非常重视餐桌上的礼仪。

英国菜可以用一个词来形容——"Simple"（简单）。其制作方式有两种：放入烤箱烤、放入锅里煮。英国人喜欢的烹饪方式有：烩、烧烤、煎和油炸，对肉类、海鲜、野味的烹调也均有独到的方式，而且他们对牛肉特别偏爱，多喜欢甜食、水果、肉类、蛋类等，进餐时一般先喝啤酒，还喜欢喝威士忌等烈性酒。英国的烹饪常常要用到烤炉。烤炉里有各式各样的焙盘，肉和蔬菜放在焙盘里用慢火烤，以便把肉和蔬菜的味道都调出来。英国的菜式几乎是没有烤炉做不出来的。在一些稍为隆重的场合，主食往往是烤牛肉、烤猪肉、烤羊肉或鸡肉都行。烤牛排，这是英国菜中的代表作，由大块带油的生牛肉放入烤箱中烤制而成，同煎牛排一样。做好的牛肉吃时可以蘸西式芥末酱，作为辅菜的约克郡布丁也很有名，他们还喜欢吃牛肉馅饼。

英国家庭一天通常是四餐：早餐、午餐、午茶点和晚餐。早餐一般有鸡蛋、猪排、火腿、煎面包、烤豆和蘑菇，另加一杯咖啡。午餐通常在下午1点左右，有各种熟肉、沙拉、面包、饼干、奶酪、黄油等食品。通常午餐只需30~40分钟，许多英国人吃他们发明的三明治，是英国人的便当，同样受欢迎的午餐还有烤马铃薯。午茶点一般在下午4点左右。在英国人的饮食文化中，饮茶是一种悠闲舒适的享受。英国是饮茶大国，通常喝很浓的红茶，还喜欢加牛奶、糖。跟茶能够旗鼓相当的饮料就是咖啡了。英国的酒也非常出名。苏格兰威士忌或琴酒这些众所周知的酒均来自于英国。晚餐一般在晚上7点到8点，非常讲究，主要食品为汤、鱼、肉类、蔬菜、布丁、黄油、甜点、水果以及各种酒类和咖啡。英国的畜牧业很发达，牛肉和羊肉较多，价格也比较便宜，但猪肉很少，蔬菜也比较贵。礼拜天的正餐一般在中午，称为Sunday Lunch，一般是烤肉，他们吃肉时都比较讲究，为了达到最好的效果，不同的肉配不同的酱，牛肉配辣根酱，猪肉配甜苹果酱，小羊肉配薄荷酱。英国人的饮食文化讲究质好量精，可谓独树一帜。

派是英国传统的食品。传说，派是从古代的撒克逊人所吃的装有羊肉的"哈基斯"所演变而来的。这种"哈基斯"就是类似香肠的食物，它是将肉谷物类食物混合后，装在羊肚里，然后将其煮熟。这种食物在当时是人们保存食物的重要方法。后来由于小麦等谷类的增产，就改用由奶油和面粉揉制成的派皮，用来取代羊肚。同时，在中世纪时也出现了被称为"棺木"的派，这种派就是把肉装入成箱型的派皮里，然后用火慢慢地煮，待煮熟后，再灌入含有浓肉汤的果子冻，因它的形状颇似棺木，故取名叫"棺木派"。在英国西南部的康沃尔郡的人们还继承了一种古老风味的"哈基斯"，那是一种装有各种肉、马铃薯和蔬菜的派。

英国人特别喜欢炸薯条和炸鱼，炸薯条的做法十分简单，就是把适合做薯条的土豆切成粗粗厚厚的长条，放在加了盐烧开的滚水中焯个5~6分钟，然后捞出来，把水分沥干，用特制的炸薯条锅烧上一大锅油，温度控制在190℃，然后把土豆条放入锅中，炸到薯条金黄为止。很多人家都自备这样的小锅，以便自己动手丰衣足食。炸鱼一般都是大片的鳕鱼，还有多佛尔鲽鱼，英国的鱼类菜肴相当可口，特别是在多佛尔海峡捕捞的鲽鱼清淡鲜美。把鱼片表面的水分用吸水纸擦干净，然后轻轻地拍上一层干面粉，就可以蘸浆了，面浆的做法也很简单，就是面粉，加一点盐，用牛奶或者啤酒调成稀糊状就可以了，喜欢炸出发泡效果的可以用自发粉，把蘸好浆的鱼下锅炸就行了，锅要大一点，油温仍然是要控制在200℃左右。鱼炸好了之后，配上新炸的薯条，淋上醋，撒上盐，即可食用。

英国菜的重要特色是简单而有效地使用优质原料，并尽可能保持其原有的质地和风味。英国菜的烹调对原料的取舍不多，一般用单一的原料制作，要求厨师不加配料，要保持菜式的原汁原味。英国菜有"家庭美肴"之称，英国烹饪法根植于家常菜肴，因此只有原料是家生、家养、家制时，菜肴才能达到满意的效果。烹调讲究鲜嫩，口味清淡，菜量要求少而精。

2）英式菜肴介绍

（1）鸡丁沙拉

主料：熟鸡丁 200 克，去皮熟马铃薯 1 500 克，熟豌豆 50 克，番茄 2 个，沙拉油 150 克。

辅料：鸡蛋黄 1 个，奶粉 2 匙，调味佐料有香菜末，白糖、白醋、精盐少量。

做法：

①盐和蛋黄放在瓷碗中，用筷子把蛋黄等物搅至匀稠，加少许白醋搅和，使蛋黄成薄糊状，然后慢慢加入沙拉油倒入拌和即成。

②将鸡肉、马铃薯、番茄、香菜切成小丁，放入大器皿内，把上制沙拉油倒入拌和即成。

特点：色彩鲜艳，鲜美嫩滑，清香宜人。

（2）熏鱼

原料：青鱼中段约 500 克，姜、葱少许，酱油、酒、糖、生抽适量。

做法：

①鱼从脊纵分，每隔鱼骨节切成小块用酱油、酒腌制两小时，沥干水。

②烧热油，将鱼逐块放入，炸至两边金黄，酥脆，捞出。

③倾出多余的油，爆香葱、姜，加少许水，下生抽、糖、酱油适量，烧至汁浓。

④把炸好的鱼块放入调好的浓汁中，拌炒片刻，便可盛盘。

（3）香甜可口的苹果布丁

主料：苹果 100 克，鸡蛋 75 克，面粉 100 克，发酵粉 5 克，淀粉 15 克，食用红色素少许。

辅料：黄油 75 克，砂糖 125 克，奶粉 75 克。

做法：

①将苹果洗净削皮去核切丁；把黄酒、75 克砂糖、奶粉放在一起搅拌均匀，慢慢地倒入鸡蛋液搅至发白泡，放入苹果丁、面粉、发酵粉用力调匀成布丁糊；备用。

②在布丁模具内涂些油，撒上少许干面粉，倒入布丁糊，倒些热水入烤盘内，放上布丁模，放进约 190 ℃烤箱内蒸烤 20 分钟，取出趁热倒入盘内，把淀粉、50 克砂糖、适量清水放在一起拌匀煮沸，撒入少许食用红色素，即成浅红色面浆，浇在布丁上即可食用。

英国代表菜肴：土豆烩羊肉、牛尾汤、烤羊马鞍、烧鹅、明治排等。

4.2.3 意大利饮食概况

1）饮食概况

意大利地处欧洲南部的亚平宁半岛，自公元前 753 年罗马城兴建以来，罗马帝国在吸取了古希腊文明精华的基础上，发展出先进的古罗马文明，从而成为当时欧洲的政治、经济和文化中心。以佛罗伦萨城为首的王公贵族们，纷纷研究开发烹调技艺，拥有厨艺精湛的厨师，展现自己的实力与权力，并以此为尊贵和荣耀，顺势将餐饮业发展推向鼎盛时期，影响了欧洲的大部分地区，被誉为"欧洲大陆烹饪之始祖"。

意大利民族是一个美食家的民族，他们在饮食方面有着悠久历史，意大利美食典雅高贵，浓重朴实，讲究原汁原味。意大利菜系非常丰富，菜品成千上万，除了著名的比萨饼和意大利通心粉，它的海鲜和甜品都闻名遐迩。源远流长的意大利餐，对欧美国家的餐饮产生了深厚影响，并发展出包括法餐、美国餐在内的多种派系，故有"西餐之母"的美称。

"在意大利，没有意大利菜，只有著名的乡土菜。"意大利历史上多数时期为城邦分治。这些城邦与区域的烹饪风格也有相当大的差异。直到公元1861年，意大利才成为统一的国家。因此，现代意大利美食中的不同风格与差异，便不足为奇。意大利美食包含了多种多样的文化和历史，作为世界级美食却具备自己鲜明的民族特色，北意、南意、中意、小岛，每一个区域都有自己高贵的特色，甚至十里之内都会各有各的精彩。意大利面的种类高达200余种，乳酪有500多种，葡萄酒竟然有1 000多种。

意大利人饮食特点是注重原料的本质、本色，成品力求保持原汁原味。在烹煮过程中非常喜欢用蒜、葱、西红柿酱、干酪，讲究制作沙司。烹调上以炒、煎、炸、红焖等方法著称，并喜用面条、米饭做菜，而不作为主食用。通常将主要材料或裹或腌，或煎或烤，再与配料一起烹煮，从而使菜肴的口味异常出色，缔造出层次分明的多重口感。意大利菜肴对火候极为讲究，很多菜肴要求烹制成六七成熟，而有的则要求鲜嫩带血。口味爱好：喜吃烤羊腿、牛排等和口味醇浓的菜，各种面条、炒饭、馄饨、饺子、面疙瘩也爱吃。意大利的美食如同它的文化：高贵、典雅、味道独特。意大利精美可口的面食、奶酪、火腿和葡萄酒成为世界各国美食家向往的天堂。

享誉世界的通心面就是意大利美食的代表作，18世纪，在意大利那不勒斯附近，有一家经营面条和面片的店铺，店主马卡罗尼的小女儿在玩耍时把面片卷成空心条并晾于衣绳上。马卡罗尼趁机将空心条煮熟后拌以番茄酱，全家人都感觉十分好吃。马卡罗尼从中受到启发，开始研制空心面，后来他建造了世界第一家通心粉加工厂，并以自己的名字为通心粉命名。据传，美国第三任总统托马斯·杰斐逊，特别喜欢通心面，并将其带入美国。1787年，杰斐逊带回美国一台切面机，还画了一张草图，至今还保存在美国国会图书馆。通心面进入美国以后，受到众多美国人的喜爱。

意大利的那不勒斯是比萨的发源地，在罗马时代就有了，不过当时只是饼，没有配料。上等的比萨必须具备4个特质：新鲜饼皮、上等芝士、顶级比萨酱和好的馅料。做饼的面粉一般用春冬两季的上好的小麦研磨而成，再选用内含20多种成分的专用酵母进行发酵，这样做成的饼底才会外层香脆、内层松软。纯正乳酪是比萨的灵魂，一般都选用含有丰富蛋白质、维生素和钙质，但却低卡路里的新西兰乳酪。无论是用西红柿还是火腿，用菜蔬还是用其他调料，比萨饼的浇头永远有3种颜色：红、绿和白（奶酪）。这是意大利国旗的颜色。

顶级意大利面是采用高级白酒，上好的甜番茄颗粒，纯番茄酱，初榨橄榄油和去籽黑橄榄，还有牛菲力牛肉，加月桂叶、百里香、罗勒等好的食材做成酱汁，再配以世界第一品牌的意大利面 Brallia 的 Spaghetti 面条，它的面条弹牙有劲，久煮不烂，呈现透明金黄琥珀的面条，成为高品位人士着迷的口感与味道。

意大利人喜欢喝酒，而且很讲究。一般在吃饭前喝开胃酒，席间视菜定酒，吃鱼时喝白葡萄酒，吃肉时用红葡萄酒，席间还可以喝啤酒、水等。饭后饮少量烈性酒，可加冰块。意大利人很少酗酒，席间也没有劝酒的习惯。

意大利的三餐比较简单，尤其是早餐和午餐。早餐一般就是咖啡加面包，面包的蘸料有很多种，面包就会有不同的口味。午餐一般是以面食为主，加上鱼或肉、蔬菜和水果。晚餐是三餐最为看中的，因为意大利人的家庭观念非常强，喜欢和家人一起吃饭，会选择正式的餐馆，主食一般会有海鲜面、西红柿面、通心粉，饭后会有海鲜、甜点等。三餐虽然很简单，但是种类却很齐全，这就是意大利人的饮食文化。

2）意大利菜肴介绍

（1）大虾肉酱意面

原料：大虾 8 ~ 10 只，蒜 3 ~ 4 瓣，白蘑菇 4 ~ 6 个，红椒半个，提前熬好的肉酱 1 碗。

做法：

①蒜切片，蘑菇切小块，红椒切丝，大虾去头，剥壳，用刀在背上划开一条小口，挑去沙线，洗净待用。

②虾里放少许小苏打、盐、胡椒粉腌 5 ~ 10 分钟。

③锅里添水，烧开，加入少许油，撒 1 勺盐，将意大利面呈放射状放入水中，按包装袋上说明时间煮熟，捞起，沥干水分，拌入少许橄榄油，入盘待用。

④煮面的同时，另起一锅，烧热，加入 1 勺黄油（或者橄榄油或者普通的食用油），烧热后将蒜片和红椒放入爆香，放入腌好的虾，迅速快炒 1 分钟左右，加入白蘑菇和肉酱，煮至蘑菇略软关火。

⑤将煮好的酱淋在意大利面上，撒少许黑胡椒碎即可。

（2）蘑菇培根比萨

原料：脆皮比萨饼底（可做 3 个 8 寸饼底）：高筋面粉 600 克，酵母 5 克，温水 330 毫升（温度为 37 ~ 40℃），橄榄油 40 克，盐 10 克。

比萨酱：番茄 1 个，洋葱半个，盐少许，橄榄油 1 勺，番茄酱两勺，黑胡椒碎少许。

比萨馅料：青椒 1 个，洋葱半个，培根 4 ~ 5 片，白蘑菇 2 ~ 3 只，速冻蔬菜一小把，马苏里拉奶酪一块，全蛋液适量。

做法：

①酵母和温水混合拌匀，制成酵母水。

②将高筋面粉和酵母水稍微混合拌匀，加入橄榄油、盐，揉匀成光滑面团。

③不停捶打面团至光滑后，滚成圆形，放在容器中，盖上保鲜膜，烤箱设置发酵模式，预热好后，将容器放入烤箱发酵约 35 分钟，至面团发酵至原来体积的两倍大小。

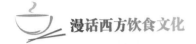

④取出面团，分割成相同质量的 3 个小面团，滚成圆球，再分别盖上保鲜膜进行二次发酵，大概 25 分钟。

⑤将发酵好的面团擀成圆形薄面皮，喜欢边厚一点的，可以把边擀得厚一些，用叉子在面皮上均匀地叉出小洞。撒上比萨酱和比萨馅料。

⑥将擀好的面皮放入预热 210℃ 的烤箱中，烘烤 7 分钟，到颜色呈现金黄时取出即可。

意大利代表菜肴：通心粉素菜汤、焗馄饨、奶酪焗通心粉、肉末通心粉、比萨饼等。

4.2.4 德国饮食概况

1）饮食概况

德国位于欧洲中部，处于大西洋和东部大陆性气候之间的凉爽的西风带。德国人多属日耳曼民族，爱好"大块吃肉，大口喝酒"，他们每人每年的猪肉消费量达 65 kg，居世界首位。过去德国人大多只讲求营养，而不讲究烹调艺术，饭菜多是清煮、白炖加烤制。近年来德国人充分吸收外来饮食特点，在博采各国烹调特色的基础上，创造出了多姿多彩的德国饮食文化。

德国菜的特点是甜食、酸食和奶制品较多，生菜品种多样，德国人对饮食并不讲究，喜吃水果、奶酪、香肠、酸椰菜、土豆沙拉等，不求浮华，注重实惠营养。德国人发明了自助快餐。德国菜以酸、咸口味为主，调味较为浓重。烹饪方法以烤、焖、串烧、烩为主。德式汤一般比较浓厚，喜欢把原料打碎在汤里，应该与当地天寒地冻的气候有关。

德国人最讲究的是早餐，每个家庭早餐大同小异：首先是饮料，包括咖啡、茶、各种果汁、牛奶等，主食为各种面包，以及与面包相配的奶油、干酪和果酱，外加香肠和火腿。不仅品种丰富，而且色香味俱佳。午餐一般多在单位食堂或快餐馆就餐，是名副其实的快餐，如一个由土豆、沙拉生菜和几块肉组成的拼盘，外加一杯饮料。晚餐通常是冷餐，内容很丰盛：一盘肉食拼盘；鲜嫩可口的蔬菜，如小萝卜、西红柿、黄瓜；新鲜的水果，如葡萄、樱桃。除了一日三餐外，有些德国人习惯在下午四五点钟"加餐"，即喝杯咖啡或茶、吃块蛋糕或几块饼干。中上层家庭喜欢在此时邀请朋友来家里品茗聊天。在这样的聚会中，客人可以品尝到饮誉四海的德国糕点，德国妇女一般都练就一手烤制点心的好手艺。

德国为世界第二大啤酒生产国，有约 1 300 家啤酒厂，种类高达 5 000 多种，由于公元 1516 年颁布了《德国纯啤酒令》，德国啤酒只能以大麦芽、啤酒花和水 3 种原料制作，所以近 500 年来德国啤酒成了所谓纯正啤酒的代名词。每个德国人平均每年喝掉 138 公升的啤酒，特别是在每年慕尼黑啤酒节（The Munich Oktoberfest）期间竟可消耗高达 600 万公升的啤酒，德国的啤酒文化更是世界上独一无二的。

德国人认为面包是营养丰富、最利于健康的天然食品。常见的德式面包有黑面包、酸面包、全麦面包、八字形面包及小圆面包，有时面包夹上乳酪、火腿、香肠或涂些肉酱，非常美味，每天出炉的各种各样的面包就有1 500多种。面包是德国人一日三餐不可缺少的最重要的主食。据统计德国人每人年平均要吃掉81.5千克面包，居欧盟成员国之首。另外，马铃薯自18世纪起成为德国人的主食之一，用以在中午唯一一餐热食中配合着肉类、海鲜及蔬菜扎扎实实地填饱肚子。德国人每人年平均食鱼达6千克。德国的糖果、巧克力、糕点等的销售量也十分可观。

提起德国美食，不能不提起德国香肠，德国人喜欢肉食，尤其喜欢吃香肠。他们制作的香肠有1 500种以上，许多种类风靡世界，像以地名命名的"黑森林火腿"，可以切得跟纸一样薄，味道奇香无比。德国的国菜就是在酸卷心菜上铺满各式香肠，有时会用一整只猪后腿代替香肠和火腿。

这里介绍几种比较普遍的香肠：

①烟熏香肠。在全国各类超市集市上最常出现的就是烟熏香肠了，据说是1889年由柏林的一位餐馆店主发明的。它由细得如酱一般的牛绞肉掺一部分猪绞肉制成，并用盐、白胡椒、洋香菜或荷兰芹以及细香葱调味。其口感有点像热狗肠，但因为是纯肉，肉味更浓，汁水也更丰富。烟熏香肠秉承德国菜重口味的传统，既鲜又咸，不过咸度在可接受的范围。烟熏香肠通常是用水煮熟的。从香肠摊热气腾腾的大锅里夹上一根，沾点黄芥末酱，是很多德国人享受美味的休闲一刻。如果再有一杯比较烈的啤酒来搭配，那就完美了。

②法兰克福香肠。这个名字来自它的起源地法兰克福。这种香肠也叫维也纳香肠，在奥地利的音乐之都维也纳，这么有艺术范儿的地方能用来命名香肠，都是拜这肠的发明者，一位后来移居到了维也纳的德国屠夫所赐。这大概是世界最知名的德国香肠了，至少经常在美剧里能听到它的大名。据说它是美国热狗肠的前身——确实看着挺像，大小也差不多，不过在老家德国它更长更细。跟烟熏香肠一样，它通常也是用水煮熟的，而且遍地都是。学校食堂里都会有一口锅泡着一堆由人自取。

③咖喱香肠。关于咖喱香肠的诞生，还有一个有趣的小故事：1949年的一个阴雨天，小吃店老板娘霍伊维尔闲来无聊，便顺手把香肠切成小块，浇上番茄酱、咖喱、辣椒等调味汁，没想到这种集香、辣、酸、甜、咸五味于一身的快餐立刻受到欢迎，成为小吃店的招牌产品。如今，在柏林西城区的一个纪念匾牌上，还记录着这位老板娘的创举。

2）德国菜肴介绍

（1）黄焖牛肉

原料：牛肉（瘦）200克，香油50克，淀粉（玉米）30克，料酒10克，酱油25克，味精3克，大葱25克，大蒜15克，姜15克，八角2克，盐2克。

做法：

①将熟牛肉切成8厘米长、2.7厘米宽、0.7厘米厚的条。

②坐勺上火，放入香油烧热，放入大料、葱段、姜片、蒜片煸炒出香味；烹入料酒，加入高汤、酱油烧开。

③捞出佐料，将牛肉整齐地推入，用微火煨入味；移至旺火，调入味精，出勺将牛肉摊码在汤盘中。

④原汤上火烧开，撇去浮沫，调好色、味；用水淀粉勾芡，淋入香油，浇在牛肉上即成。

（2）德国猪脚火锅

原料：水煮德国猪脚1块，培根4片，德国香肠(切斜片)2～4根，蒜末1大匙，洋葱(切丝)1/2个，胡萝卜(切片)1/2个，马铃薯(切片)2个，奶油2大匙，高汤5杯。

调料：盐1/2小匙，胡椒粉1/2小匙，香菜末适量。

做法：

①水煮德国猪脚切片。

②锅烧热，以奶油炒香洋葱丝、培根片、蒜末，倒入高汤、调味料，再放入马铃薯片、胡萝卜片、德国香肠和猪脚煮滚，即可食用。

德国代表菜肴：酸椰菜烩猪肘、黑啤烩牛肉、德式青豆汤、德式生鱼片、德式烤杂肉、德式肉肠、酸菜等。

4.2.5 俄罗斯饮食概况

1）饮食概况

俄罗斯位于欧亚大陆的北部，领土包括欧洲的东半部和亚洲的西部，是世界上国土最辽阔的国家。俄罗斯饮食文化是在自然、历史和社会经济，以及同周边国家展开文化交流的影响下形成的，俄罗斯饮食历史及其烹饪技艺是历代俄罗斯人集体智慧的结晶。

俄罗斯的主食主要为白面包和黑面包，肉食为猪肉、牛肉、羊肉、禽类以及其制成品——香肠、罐头食品等。在俄罗斯人的饮食中，奶类、乳类制品占有重要位置，牛奶、奶渣、鲜奶油、酸奶油、奶酪、黄油等一应俱全。而蔬菜的品种主要有圆白菜、土豆、西红柿、葱头、黄瓜、西葫芦、各种豆类、蘑菇等。俄式菜肴口味较重，以酸、甜、辣、咸为主，例如酸黄瓜、酸白菜，喜欢用油，烹调方法以炖、煮、炸、烤为主。

俄罗斯膳食比较简朴单一。按照俄罗斯人的习惯，午餐和晚餐通常有三道菜。头道菜是热汤类，二道菜一般是肉、鱼、禽、蛋制品以及蔬菜，第三道菜通常是水果、饮料或甜食。在吃头道菜时还可以有冷盘。

俄罗斯民族粗犷豪放，朴素实诚，其传统饮食简单粗豪。择其要者，用俄罗斯人的说法就是"五大领袖"——面包、牛奶、土豆、奶酪和香肠，"四大金刚"——圆白菜、葱头、胡萝卜和甜菜，"三剑客"——黑面包、伏特加、鱼子酱。其中黑面包、红菜汤和鱼子酱是最为大众所熟知的，也是最能代表俄罗斯饮食文化的。

（1）黑面包

从13世纪开始，俄罗斯人的主要食品就是黑面包。黑面包外皮粗硬、口味酸咸、色如高粱面窝头。黑面包是用面粉、荞麦、燕麦等原料烤制而成的，颜色很深，是俄罗斯人的主食，黑面包的形状像一个小枕头，外壳烤得坚硬。黑面包既饱腹又营养，还易于消化，其发酵用的酵母含有多种维生素和生物酶，对肠胃极有益，尤其适合配鱼肉等荤菜。

（2）红菜汤

克里姆林宫举办的国宴菜单上，红菜汤永远是一个必列菜式。红菜汤属于调味汤，发源于乌克兰菜，是一种在东欧广泛流行的汤式，是用当地产的圆白菜、葱头、胡萝卜和甜菜加牛肉做成，滋味醇厚，鲜香无比。20世纪上半叶，有大量俄罗斯人寄居上海，同样他们也把红菜汤的做法带到了上海，在中国就叫"罗宋汤"，用俄罗斯特有的一种"绿皮红肉"的萝卜制作，喝的时候还要拌入奶酪，酸甜中带着奶香。

（3）鱼子酱

鱼子酱就是用鱼的卵做成的酱，十分鲜美，是美味中的极品。严格来说，只有鲟鱼卵才可称为鱼子酱，其中以产于里海的鱼子酱质量最佳。世界范围内共有20多种鲟鱼，只有3种品种的鱼卵可制成鱼子酱，因此导致其价格居高不下的现状。鱼子酱是俄罗斯人引以为豪的一种珍贵美肴，有黑鱼子酱和红鱼子酱之分，黑鱼子酱价格昂贵，营养丰富，有"黑色黄金"之称。上佳的鱼子酱颗粒饱满圆滑，色泽透明清亮。鱼子酱含有皮肤所需的微量元素、矿物盐、蛋白质、氨基酸和重组基本脂肪酸，能够有效地滋润、营养皮肤，使皮肤细腻光洁。

俄罗斯人平均每人每年消费15千克白酒，其中至少一半是伏特加。伏特加，是俄罗斯的国酒，是北欧寒冷国家十分流行的烈性饮料。伏特加的历史悠久，产生于14世纪左右，其英文名为VODKA，出自俄罗斯的一个港口名VIATKA，含义是"生命之水"。伏特加是以多种谷物(马铃薯、玉米)为原料，用重复蒸馏、精炼过滤的方法，除去酒精中所含毒素和其他异物的一种纯净的高酒精浓度的饮料。因为伏特加酒口味烈，劲大刺鼻，酒中所含杂质极少，口感纯净，并且可以以任何浓度与其他饮料混合饮用，所以经常用于做鸡尾酒的基酒，酒精度度数一般在40°~50°。伏特加"泡出"了俄罗斯的民族性：心大，胆大，魄力大，伏特加与俄罗斯人有着不解的缘分。除了伏特加，其他烈性酒还有白兰地、威士忌等。另外，葡萄酒、啤酒也很受俄罗斯人欢迎。

2）俄罗斯菜肴介绍

（1）煎牛肉饼

原料：牛肉馅200克，圆葱碎5克，西芹碎5克，面粉50克，面包渣50克，鸡蛋2个。

调料：盐2克，胡椒粉0.3克，橄榄油20克，俄力冈1克。

做法：

①将牛肉馅加入圆葱碎、西芹碎、盐、胡椒粉、俄力冈、鸡蛋搅拌均匀。

②牛肉馅加入鸡蛋、牛高汤使其上足水分，保持牛肉饼的嫩度。

③煎盘中放入橄榄油烧热，将拌好的牛肉馅成饼状，蘸面粉、拖蛋液、蘸面包渣，放入煎盘中煎制成熟即可装盘，配上酸黄瓜角、渍紫菜丝、炸土豆丝、煮青豆即可。

（2）红酒鸡翅

原料：鸡翅膀200克，圆葱角5克，西芹段5克，胡萝卜块10克，奶油10克。

调料：红酒15克，番茄沙司10克，盐2克，胡椒粉0.4克，橄榄油少许。

做法：

①在煎盘中加入橄榄油，下圆葱碎、西芹碎炒出香味。

②再加入红酒加热出酒香味，倒入番茄沙司、盐、胡椒粉，最后放入焯好的鸡翅炖制成熟即可。

③鸡翅用圆葱、西芹、盐、胡椒粉先腌制后，用清水煮熟，然后再制作。各种口味的菜肴，口感更好。

（3）罐焖牛肉

原料：牛肉200克，圆葱碎5克，西芹碎5克，牛肉高汤适量，口蘑20克。

调料：盐2克，胡椒粉0.4克，橄榄油20克，红汁10克，番茄沙司15克。

做法：

①煎盘中倒入橄榄油，下圆葱碎、西芹碎炒出香味。

②再加入番茄沙司并将其炒制成深红色后加入牛高汤、红汁与口蘑放入熟牛肉块焖至汤汁浓厚之后，将所有原料加入罐中焖热即可。

③将牛肉加入香叶，胡萝卜、芹菜等焖熟烂，然后再制作罐焖口感最佳。

俄罗斯代表菜肴：红菜汤、鲱鱼沙律、俄式肉冻、黑鱼子酱等。

4.2.6 美国饮食概况

1）饮食概况

美国位于西半球，几乎横跨整个北美洲大陆，面积仅次于俄罗斯、加拿大、中国，世界排名第四。16世纪以前，玉米就是美洲印第安人的主食。由于生活水平较低、疆域广袤、人口分散等，美国饮食尚且处于讲究温饱的状态，未能形成全国性的饮食和完善的美食体系。16世纪，墨西哥的西班牙人来到美国，他们带来了猪肉，印第安人提供玉米卷。后来，清教徒大批移民美国，带来了"为活而吃"的精神思想，追求实用简朴，不讲究食物口味，这种饮食价值观严重阻碍了美国烹饪艺术的发展。17—18世纪，欧洲移民大量涌入美国，欧洲饮食文化奠定了传统美国菜的基础。19世纪下半叶，中国移民的到来，开启了美国饮食历史上最重要的"移植"阶段，各种崭新的美国化中国食物兴起。20世纪，100多个国家不同种族的人移民到美国，到此时早已成家立业，让美国成为世界人种的大熔炉，那些移民也带来了世界各地多种多样的美食，因此，美国饮食文化是一个丰富多彩的"大杂烩"。

近年来美国高级厨师对全世界数十种民族美食注入新概念，把各民族固有的饮食文化优点与美国的日常生活现实相结合，因地制宜、相得益彰地创作出许多无国界的融合菜肴，把烹饪艺术推向一个新境界。

美国人的饮食习惯是一日三餐。他们讲究科学营养，效率和方便，一般不在食物精美细致上下功夫。早餐较为简单，有烤面包、麦片及咖啡，或者还有牛奶、煎饼。午餐也比较简单，食物内容常常是三明治、汉堡包，再加一杯饮料。晚餐是美国人较为注重的一餐，常吃的主菜有牛排、炸鸡、火腿，再加蔬菜，主食有米饭或面条等。美国饮食的发展方向是向速食发展，他们的蔬菜大都生吃，营养不会损失，更主要的是省时间。美国饮食追求快捷方便，也不奢华，比较大众化。

美国是一个移民国家，没有悠久的历史和饮食传统，可是他们的快餐业独树一帜，肯德基的发展就是最具有代表性的。哈兰·山德士很小的时候，为了帮助母亲养家糊口，读完小学就辍学打工，做过无数种工作。在 40 岁的时候，山德士来到肯塔基州，开了一家可宾加油站，因为来往加油的客人很多，看到这些长途跋涉的人饥肠辘辘的样子，山德士决定做一些方便食品，来满足客人的需求。他的手艺本来就不错，妻子和孩子也时常称赞。想到就做，他就在加油站的小厨房里做了点日常饭菜，招揽顾客。同时他还做各种炸鸡，由于味道鲜美、口味独特，很快就受到热烈欢迎。他边经营、边研究炸鸡的特殊配料（含 11 种药草和香料），使炸成的鸡表皮形成一层薄薄的、几乎未烘透的壳，鸡肉湿润而鲜美，供不应求。

美国人一般对辣味不感兴趣，喜欢简单、清淡，口味咸中带甜，喜欢铁扒类的菜肴，常用水果作为配料与菜肴一起烹制。美国人对饮食要求并不高，只讲求营养、快捷。

2）美国菜肴介绍

（1）黑胡椒桂花蜜汁煎小牛排

原料：嫩小牛排（美国超市里叫作 Veal Scampi，特薄，大概 5 毫米）、李锦记黑胡椒汁、桂花蜜酱，红葡萄酒、盐、黑胡椒。

做法：

①嫩小牛排洗净擦干，撒少许盐、黑胡椒，用刀背拍松。

②小牛排上沾蛋清，拍上干淀粉。

③锅中放少许油加热，中火将两面煎至稍稍变肉色即刻取出备用。

④原锅加入两勺红葡萄酒、李锦记黑胡椒汁、桂花酱，煮开变黏稠时，加入煎熟的牛排烩匀，立刻装盘。

（2）美式牛扒

原料：(肉眼、西冷或 T 骨)1 件约重 250 克，意大利青瓜、干笋各适量，番茄碎 1 茶匙，植物牛油约 2 汤匙。

调料：蒜盐、黑椒粉各少许。

做法：

①美国牛扒用调味腌匀，待用。

②意大利青瓜、干笋切片，煮熟拌碟 (可酌量加入少许植物牛油、盐拌匀)。

③将美国牛扒用平底锅煎至所需熟度放碟上。

④番茄碎加入植物牛油中拌匀，冷却至凝固，切成小块，放上已煎好的美国牛扒，即可食用。

美式代表菜肴：烤火鸡、橘子烧野鸭、美式牛扒、苹果沙拉、糖酱煎饼等。

4.2.7　西班牙饮食概况

1）饮食概况

西班牙位于欧洲西南部的伊比利亚半岛，三面临海，是个资源丰富、经济发达的国家，是葡萄、油橄榄和柑橘的大产区，其沿海盛产沙丁鱼。西班牙是美食家的天堂，每个地区都有著名的饮食文化。西班牙美食汇集了西式南北菜肴的烹制方法，其菜肴品种繁多，口味独特，美食和佳酿都十分丰富且出色，成就了西班牙菜美味多变的特点。

西班牙盛产土豆、番茄、辣椒、橄榄，烹调喜欢用橄榄油和大蒜，饮食习惯也是一日三餐。早餐是牛奶、面包、黄油、奶酪、果汁、咖啡等，再丰盛一些就是加些香肠、火腿片、煎饼、鸡蛋之类的。在早餐时，西班牙人比较喜欢麦片、高乐高粉、玉米片，兑上鲜牛奶，搅成稀粥，就着面包一起吃，既经济又营养。午餐时间较晚，常常要一份饭，外加一杯饮料或啤酒。稍微正规一点的也是吃一个荤菜（鱼或肉）、一个蔬菜（沙拉等）、一杯葡萄酒和几个水果而已。晚餐是真正的"晚"餐，一般在晚上9点开始，更晚一点的则要到10点，而且要丰盛得多，也比较讲究，一般都吃各家爱吃的风味菜。通常先上一个熬得浓浓的开胃汤，然后上主菜和主食。常吃的主菜名目繁多，五花八门，其中主要的有牛排、猪排、烤羊肉、烤牛肉、炸鸡腿、烤鱼、焖火鸡、焖兔肉、火腿及炸虾、炸土豆条等。随主菜一起吃的还有各种蔬菜、沙拉、面包、米饭、面条等。大多数家庭的晚餐必备葡萄酒，而且常常作为饮料，大人和小孩一块儿用。饭后上一道水果和咖啡，有的家庭还吃糕点、甜食和冰激凌等，很是齐全。

西班牙的餐饮风格分为3种。

第一种是海鲜馆。在西班牙数不清的美味佳肴中，应首推"海鲜"。由于西班牙三面环海，得天独厚，渔业资源十分丰富，所以海鲜特别多。有一种叫"海鲜全吃"的菜，首先送上来的是一个大拼凉盘，里面盛满了各种虾，接下来是各种小盘小碟，煮、煎、烤、烧各种鱼虾蛤蚌，原汁原味，异常鲜美。在西班牙的海滨城市或马德里，海鲜的烹调方法以清水煮和平底锅烤的居多，这样主要是为了保持海鲜原来的味道。还有巴斯克风味的"盐包烤鱼"。这个菜一般都用整条的鳕鱼或鳟鱼制作，用锡纸包好，放上一些用料，然后放在炉内烤熟，吃的时候再浇上调好的汁，确实别有一番风味。

第二种是牛肉馆。西班牙是斗牛之乡，是盛产牛肉的国家，因而西班牙的烤牛肉四海闻名，其特点一是嫩，二是鲜，尤其是巴斯克风味的烤牛肉更是美味。

第三种是塔巴小吃店。它是西班牙的一类小吃，可以是饭前开胃的小菜，或者两顿正餐之间的点心，可是你很难想象这个小东西在西班牙的饮食文化中占有多重要的位置。塔巴的种类繁多，而且变化多样，随时有创新花色出现，通常，任何一家店都可以提供数十种甚至上百种之多。不过有一点，塔巴肯定是不包括甜品，清一色都是咸的，其中又分为凉食、热食、肉类、海鲜、蔬菜等等。凉食部分，主要是面包夹馅，各种馅料淋上橄榄油，撒上洋葱末、蛋黄层等，十分美味。

西班牙还有三大特色小吃："哈蒙""托尔大""巧里索"。其中"哈蒙"最为出名，可以说名扬四海。

"哈蒙"是用上等猪后腿经过特殊的方法长期腌制和慢慢烘干而成的火腿，专供生吃。制作好的火腿，营养丰富，肉色紫红鲜嫩，切成片后味道芳香可口，是各种宴席和家常便饭必不可少的佳肴。西班牙人不管男女老少，人人都爱吃生火腿。每个餐馆和酒吧，每个百货商场和食品店都有出售生火腿。"哈蒙"不管春夏秋冬都可长期保存。

"托尔大"，实际上是一种鸡蛋土豆煎饼。"托尔大"的制作很简单，将煮熟的土豆去皮，切成小碎块，和捣碎的生鸡蛋搅匀，撒少许盐，然后放到倒有黄油的平底锅上煎烤，直至表面呈现金黄色为止。煎烤时不断用小铲子翻动，以防烤糊烤焦。每一张土豆煎饼，可供 3 ~ 4 人食用。"托尔大"经济实惠，营养丰富，它既可当副食，也可当主食，所以一直颇受欢迎。

"巧里索"是一种肉肠，以牛肉肠为主。西班牙各个地区都有自己的风味"巧里索"，而且品种很多，不下几十种，各具特色。这些"巧里索"大多是风干制成的，但也有用生肉末直接灌肠的生肉肠。吃法也各不一样，可煮、可蒸、可烤、可炸，但以冷食为主。生肉肠可是西班牙的一绝，专为野餐烧烤用，吃起来特别可口，令人回味无穷。如果你在野外支上一个炉架烧烤的话，那在百米以外一定能闻到其香味。

2）西班牙菜肴介绍

（1）西班牙海鲜饭

主料：米、鱿鱼、扇贝、贻贝、大虾、番红花。

辅料：白葡萄酒、欧芹、柠檬、现磨黑胡椒。

调料：红甜椒、番茄、洋葱、青豆。

做法：

①大虾开背去虾线，扇贝肉清洗干净，鱿鱼去掉内脏和软骨，撕去红色的表皮后切成粗条或小块，贻贝刷洗干净，处理好的海鲜沥干待用，洋葱、甜椒、番茄洗净切成小丁，蒜头压成蒜蓉，欧芹洗净切碎待用。

②高汤用另一个小锅烧到热而不沸待用。平底锅内放一点橄榄油，中火炒香洋葱3分钟至透明，下蒜蓉略炒，下番茄、甜椒和欧芹（留一点最后摆盘用）炒2分钟至番茄出汁甜椒略软即可。

③下辣椒粉、米和番红花继续翻炒2分钟，下葡萄酒。

④等酒气挥发掉后倒入所有高汤，汤面要刚刚浸没米，加盐和黑胡椒调味。转小火煮15～20分钟，不要翻动，等基本上看不到水的时候将所有海鲜均匀地铺在饭上，并往下轻轻按压至半埋在饭中。

⑤挤上柠檬汁（约1/3个柠檬），再均匀地把青豆撒上去，盖上锅盖等5分钟，开盖把饭和海鲜翻匀，最后转中大火等待3分钟，出锅后撒上欧芹丁、摆上柠檬即可。

（2）西班牙式烩鸡

主料：净嫩肉鸡2 000克。

辅料：净土豆500克，胡萝卜250克，洋葱100克，青椒250克。

调料：白葡萄酒200克，奶油150克，香叶4片，精盐20克，植物油适量，鸡清汤1 000克，面粉50克。

做法：

①将胡萝卜、洋葱去根皮洗净，青椒去蒂、籽与净土豆一起切2厘米的滚刀块。将净鸡从背劈开，去内脏、大梁骨、颈、头、爪、鸡尖（尾）后，斩成2.5厘米的核桃块。将鸡块入盆，撒入盐10克、白葡萄酒50克，奶油腌30分钟入味，撒入面粉拌匀。

②锅炙好，下入植物油烧至七成热，下入鸡块炸上色，下入漏勺沥油。锅回火上，烹入白葡萄酒，加入鸡汤、香叶，下入鸡块，煮沸，盖上盖，改用文火炆（焖）至八成熟，下入胡萝卜、土豆、洋葱块，放入精盐焖熟后，下入青椒块烧至微沸，盛入汤盘中即成。

西班牙式烩鸡的特色：酒香浓郁，咸鲜醇厚，乳香清纯。

西班牙代表菜肴：加里亚西顿汤、色拉烤鱿鱼、马德里肉汤、蔬菜冷汤等。

章 后 复 习

一、知识问答

1.像中国有八大菜系一样，西方各国也有自己的餐饮流派，代表性的有_____、_____、_____、_____、_____等多种不同风格的菜肴。

2.法式大餐至今仍名列世界西菜之首，有_____、_____的特点。

3.德国人对饮食并不讲究，但具有_____，_____的特点。

4.西班牙菜肴以_____为主，各地小吃琳琅满目，令人眼花缭乱。

5.英国的饮食烹饪，有_____之称，特点是_____、_____。

6.意大利是西餐_____，浓重朴实，讲究_____，其中，_____更是享誉世界。

7.西方文明最早是在＿＿＿＿＿＿＿＿发展起来的，公元前 2000 年前后，也就是中国历史上的＿＿＿＿＿＿＿＿，克里特岛以及爱琴海诸岛的古希腊人在古埃及和西亚先进文化的影响下，创造了欧洲最古老的文化——＿＿＿＿＿＿＿＿。

8.15 世纪中叶，随着欧洲文艺复兴，西餐与文艺一样，以＿＿＿＿＿＿＿＿为中心得以迅速发展，各种名菜、甜点不断涌现，出现了享誉世界的意大利＿＿＿＿＿＿＿＿。

9.21 世纪，概念中的＿＿＿＿＿＿＿＿成为当今西餐厨艺的亮点，分子烹饪的时尚风潮正席卷着全球的烹饪界，众多星级酒店，餐厅的大厨趋之若鹜，争相效仿。

10.中西方在＿＿＿＿＿＿＿＿、＿＿＿＿＿＿＿＿、＿＿＿＿＿＿＿＿等方面的差异，造成了中西＿＿＿＿＿＿＿＿不同，从而造成了中西饮食文化的差异。这种差异，体现了中西方不同的＿＿＿＿＿＿＿＿和＿＿＿＿＿＿＿＿。

11.法餐三宝，即＿＿＿＿＿＿＿＿、＿＿＿＿＿＿＿＿和＿＿＿＿＿＿＿＿。

12.意大利人的早餐非常＿＿＿＿＿＿＿＿，大多以＿＿＿＿＿＿＿＿和＿＿＿＿＿＿＿＿为主。

13.英国菜制作方式有两种：放入＿＿＿＿＿＿＿＿，放入＿＿＿＿＿＿＿＿。

14.除了一日三餐外，有些德国人习惯在下午四五点钟＿＿＿＿＿＿＿＿，即＿＿＿＿＿＿＿＿或茶、吃＿＿＿＿＿＿＿＿或＿＿＿＿＿＿＿＿。

15.在过去，俄罗斯人一天也离不开＿＿＿＿＿＿＿＿。在工作时、下班后、饭前饭后都要＿＿＿＿＿＿＿＿。

16.有人总结美国饭的特点：一是＿＿＿＿＿＿＿＿，牛排带血丝；二是＿＿＿＿＿＿＿＿，凡是饮料都加冰块；三是＿＿＿＿＿＿＿＿，＿＿＿＿＿＿＿＿是关键。

17.西班牙三大特种小吃：＿＿＿＿＿＿＿＿、＿＿＿＿＿＿＿＿、＿＿＿＿＿＿＿＿。

18.德国菜以＿＿＿＿＿＿＿＿、＿＿＿＿＿＿＿＿口味为主，调味较为浓重。烹饪方法以＿＿＿＿＿＿＿＿、＿＿＿＿＿＿＿＿、＿＿＿＿＿＿＿＿为主。

19.意大利的菜式非常＿＿＿＿＿＿＿＿，不同地区各不相同。意大利美食与其他国家的不同之处就在于选用＿＿＿＿＿＿＿＿，并可随意＿＿＿＿＿＿＿＿，使其＿＿＿＿＿＿＿＿在于表现自我。

20.法国各地都有传统的代表菜，如多尔多涅的＿＿＿＿＿＿＿＿及＿＿＿＿＿＿＿＿，阿尔萨斯的＿＿＿＿＿＿＿＿，布列塔尼的＿＿＿＿＿＿＿＿和＿＿＿＿＿＿＿＿。

二、思考练习

1.概括说说法国、英国、德国、意大利的饮食特点。

2.究竟什么是西餐呢？

3.西餐的发展经历了哪三个重要的阶段？

4.中西餐饮食文化的差异分为哪几个方面？

5.概括说说法餐三宝的历史及法国鹅肝有什么营养价值？

6.举例介绍一下意大利的美食特点。

7.德国人喜欢吃香肠，说说有哪些香肠及他们的特点。

8.简介一下西班牙 3 种餐饮风格及三大特色小吃。

三、实践活动

1.以小组为单位组织一次"浅谈中西餐"的活动。同学间互相交流对中西餐的认识，谈谈西方国家的饮食特征，说说你有什么感受或想法？

2.以班级为单位组织一次"品西餐，说由来"的活动。同学间互相交流吃过哪些西餐，说说那些菜肴的故事，评一评有什么特点？说说你有什么感受或建议。

第5章
黄金搭档话美酒

  葡萄酒在西方文明的进程中扮演着非常重要的角色，它是西方人餐桌上必不可少的饮品。法国巴斯德说："一杯葡萄酒中蕴含着比所有书本更多的哲学。"葡萄酒不仅与基督教有不解之缘，而且也是西方艺术创作的灵感源泉。绘画、音乐、诗歌等艺术形式中，无不弥漫着葡萄酒的芳香。

  不同种类的葡萄适合酿造不同类型的葡萄酒，不同年份酿造的葡萄酒品质各不相同，不同的葡萄产地也决定了葡萄酒的品质。本节介绍了葡萄酒的历史，从而揭示了葡萄酒与西方宗教以及艺术之间的关联，并试图通过介绍葡萄酒的分类、葡萄酒的品鉴、葡萄酒与饮食的搭配原则，使读者了解葡萄酒在西方饮食活动中的重要作用。

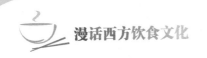
5.1 葡萄酒的历史与文化

[学习目标]

1. 了解葡萄酒的起源及其与文化、宗教的关系。

2. 能生动地讲述有关葡萄酒的传说故事，阐释其中的文化寓意。

3. 能汲取人类先进的文化精华，培养美好的人文精神。

[导学参考]

1. 学习形式：小组自主学习，合作探究，每组根据课前收集的相关图片，任选下面一个话题，组织演讲，并以"我看葡萄酒的历史与文化"为主题做总结汇报。

2. 可选话题：

①葡萄酒的历史。

②葡萄酒的传说。

③葡萄酒的酒神。

④葡萄酒与艺术。

⑤葡萄酒与宗教。

⑥自己确立其他主题。

5.1.1 葡萄酒的起源

葡萄酒起源于大约1万年前，古籍记载各不相同。大家普遍认同的说法是：葡萄酒是自然发酵的产物，葡萄果粒成熟后落到地上，果皮破裂，渗出的果汁与空气中的酵母菌接触后发酵，便产生了最原始的葡萄酒。我们的祖先模仿大自然的酿酒过程酿制出香甜醇美的葡萄酒。可以说葡萄酒的起源经历了一个从自然酿造过渡到人工酿酒的过程。人工酿造葡萄酒最早始于公元前6000年的古波斯帝国，即现今的伊朗。

5.1.2 葡萄酒的传播

古希腊的葡萄酒酿造非常发达，葡萄酒神狄俄尼索斯深受人们的崇拜，早在公元700年前，希腊人就每年举行葡萄酒庆典，以表达对酒神的敬意。葡萄酒是希腊宗教仪式上必不可少的祭品。古罗马人也非常钟爱葡萄酒，有历史学家将古罗马帝国的衰亡归咎于古罗马人饮酒过度而导致人种退化，可以想象当时罗马人嗜饮葡萄酒风气之盛。罗马人从希腊人那里学会了葡萄栽培和葡萄酒酿造技术后，在意大利半岛全面推广，很快便传遍了全欧洲。在葡萄酒的传播之旅中，最辉煌的驿站是法国。公元前 6 世纪，希腊人把葡萄通过马赛港传入高卢（现在的法国），原本非常喜爱大麦啤酒和蜂蜜酒的高卢人很快就爱上了葡萄酒，充满智慧和艺术气质的法国人精心酿造，创制出独具魅力的法兰西葡萄酒，演绎了葡萄酒的辉煌，法国葡萄酒的历史举世闻名。

5.1.3　葡萄酒的发展

葡萄酒与基督教有着不解之缘。《圣经·创世纪》记载，诺亚是亚当与夏娃的子孙，十分虔诚地信奉上帝。当上帝发现世上出现了邪恶和贪婪后，决定在地球上引发一场大洪水，以清除所有罪恶的生灵。诺亚尊崇上帝的旨意，打造诺亚方舟，精心挑选地球上优良的物种（他挑选的植物就是葡萄）和雌雄配对的动物，带着 3 个儿子（西姆、可汗和迦费特），登上了著名的诺亚方舟。经历了 150 天的洪水颠簸，诺亚方舟终于停靠在阿拉拉特山上。洪水过后，诺亚率领家人耕作播种，种下了第一棵葡萄树，收获葡萄之后，他又着手酿酒，为人类保留了风靡世界的葡萄酒。

葡萄酒在中世纪的发展得益于基督教会。4 世纪初罗马皇帝君士坦丁正式承认基督教的合法地位，基督教得以快速发展。基督徒在举行弥撒典礼时需用葡萄酒，葡萄酒的市场需求越来越大，推动了葡萄种植业的发展。耶稣在最后的晚餐上说："面包是我的肉，葡萄酒是我的血。"《圣经》中 521 次提及葡萄酒，基督教把葡萄酒视为圣血，教会人员把葡萄种植和葡萄酒酿造作为工作。葡萄酒随传教士的足迹传遍世界。

西多会的修士们可以说是中世纪的葡萄酒酿制专家，这故事源于 1112 年。当时，一个名叫伯纳·杜方丹的修士，信奉禁欲主义，他带领信徒从克吕尼修道院叛逃到勃艮第的葡萄产区科尔多省，建立起西多会。西多会的戒律十分残酷，要求修士们在废弃的葡萄园里砸石头，用舌头尝土壤的滋味。在伯纳死后，西多会的势力扩大到科尔多省的公区，进而遍布欧洲各地，兴建了 400 多个修道院。

西多会的修士，沉迷于对葡萄品种的研究与改良，他们用品尝土壤的方法来辨别土质，以培育出欧洲最好的葡萄品种。在葡萄酒的酿造技术上，西多会的修士正是欧洲传统酿酒灵性的源泉，他们生产的勃艮第酒赢得了越来越高的声誉，许多大主教都特别偏爱勃艮第酒，著名的菲利普公爵也是它的粉丝，并不遗余力地推广勃艮第酒。到了15—16世纪，西多会修道院酿制的葡萄酒被认为是欧洲最好的葡萄酒，特别是勃艮第地区出产的葡萄酒，被认为是无上佳品。

17—18世纪前后，法国便开始雄霸了整个葡萄酒王国，波尔多和勃艮第两大产区的葡萄酒始终是两大梁柱，代表了两个主要不同类型的高级葡萄酒，波尔多葡萄酒的厚实和勃艮第葡萄酒的优雅成为酿制葡萄酒的基本准绳。然而，这两大产区，葡萄产量有限，并不能满足全世界所需。于是在第二次世界大战后的20世纪六七十年代开始，一些酒厂和酿酒师便开始在全世界找寻适合的土壤、相似的气候来种植优质的葡萄品种，研发及改进酿造技术，使全世界葡萄酒事业兴旺起来。尤其是美国和澳大利亚采用现代科技酿制葡萄酒，运用多媒体信息开发市场，开创了多彩多姿的葡萄酒世界潮流。当今全世界的葡萄酒基本上分为新世界与旧世界两种。新世界的代表是欧洲向外开发后的葡萄酒，如美国、澳大利亚、新西兰、智利及阿根廷等葡萄酒新兴国家。而旧世界的代表则以拥有百年酿酒历史的欧洲国家为主，如法国、德国、意大利、西班牙和葡萄牙等国家。

迄今为止，欧洲的葡萄酒产量仍然占据了全世界葡萄酒的半壁江山，其中又以意大利为世界第一。

中国葡萄酒的生产早在西汉以前，就在西域开始大规模生产。公元前138年，张骞出使西域，看到"宛左右以葡萄为酒，富人藏酒至万余石，久者数十岁不败。俗嗜酒，马嗜苜蓿"。于是，他带回了葡萄和葡萄酒酿制技术，葡萄酒酿制技术从西域传到内地。东汉时，葡萄酒仍很珍贵。然而，汉代之后，中原地区已不再种植葡萄了，仅有一些边远地区酿造葡萄酒，并以贡酒的方式向历代皇室进贡葡萄酒。到了唐太宗李世民时才又重新从西域引入葡萄和葡萄酒酿造技术，并且葡萄酒在当时颇为盛行，酿造技术已相当发达，风味色泽更佳。这是一个举国喜饮葡萄酒的辉煌盛世。到了元代，中国葡萄酒生产水平已达到了历史最高峰，统治者甚至规定祭祀太庙必须用葡萄酒，并在山西太原、江苏南京开辟了葡萄园，而且还在皇宫中建造了葡萄酒室，甚至有了检测葡萄酒真伪的办法。到明朝时，粮食白酒的发酵、蒸馏技术日臻提高和完善，蒸馏白酒开始成为中国酿酒产品的主流，葡萄酒生产由于具有季节性、不易保存、酒度偏低等局限而日渐式微。受历史条件限制，我国的葡萄酒生产虽有悠久的历史，在人类社会的发展进程中，也曾有过辉煌的时期，但由于朝代更迭、战乱不断，最终没有像法国、意大利、西班牙那样，持续发展壮大。到清末时，由于国力衰败、战火不断、百业凋敝，葡萄酒业更是颓废衰落。直到1892年，华侨张弼士在烟台建立了葡萄园，创建了张裕葡萄酿酒公司，从西方引进了优良的葡萄品种，引进了机械化生产方式，并且将贮酒容器改为橡木桶，促进了我国的近代葡萄酒的生产。之后，青岛、北京、清徐、吉林长白山和通化等葡萄酒厂相继建立，我国近代葡萄酒工业的雏形已经形成。但是，我国葡萄酒工业一直不景气。现在，国家十分重视葡萄酒业的发展，这必定会带来中国葡萄酒业的春天。

5.2 葡萄酒的分类

"饮少些，但要好"（Drink Less but Better)是葡萄酒一直沿用的不朽谚语。葡萄酒的品质在很大程度上取决于葡萄的品种和葡萄种植的土壤和年份。

5.2.1 葡萄品种的分类

世界上目前已知的葡萄品种有 8 000 种，大约有 10 000 种葡萄可用于酿造葡萄酒，但是可以酿造出优质的葡萄酒的葡萄品种只有 50 种左右，可分为红葡萄品种、白葡萄品种和染色葡萄品种。

1）酿造红葡萄酒的主要葡萄品种

（1）品丽珠（Cabernet Franc）

品丽珠主要分布在法国卢瓦尔山谷和波尔多的圣达美安和庞马荷产酒区，意大利东北和美国加利福尼亚州的北岸也有广泛种植。它具有浓烈青草味，并混合可口的黑加仑子和桑葚的果味，因酒体较轻淡，在当地它的主要功能是调和苏维翁和梅洛，不过世界知名的白马酒庄的酒正是以它为主要成分。

（2）赤霞珠（Cabernet Sauvignon）

法国波尔多盛产赤霞珠，很多著名的葡萄酒都是由它酿制而成的。在红酒世界中，赤霞珠始终最受欢迎。它皮厚而果实细小，成熟之后果皮为紫色，能抵抗一般霉菌和疾病，种植容易，适宜种植于排水良好的砾石土壤中。酿制而成的酒经陈年后，会生成多元的香味和口感。皮厚子粗的蓝黑色赤霞珠丹宁太高，必须利用其他葡萄，如梅洛，来中和它强劲的干涩度。有经验的酿酒师会视该年的天气来调整品种的比例。赤霞珠本身带有黑加仑子、黑莓子等香味，橡木桶培养后又添加了香草、杉木、

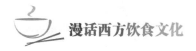

烟熏等味道，香气和口感变得更为复杂。

（3）佳丽酿（Carignan）

佳丽酿主要种植于兰格多克胡西雍，在西班牙也有种植，主要产区在卡塔隆尼亚。佳丽酿葡萄酸度高，单宁强，颜色深，果香浓，有苦味。

（4）希哈（Syrah）

法国隆河谷地产区北部是希哈的原产地，也是最佳产地。希哈是高档葡萄酒常采用的酿造品种，酒色深红近黑，酒香浓郁且丰富多变，年轻时以紫罗兰花香和黑色浆果为主，随着陈年慢慢发展成胡椒、焦油及皮革等成熟香。其口感结构紧密而丰厚，单宁含量惊人，抗氧化性强，非常适合久存陈年，饮用须经长期橡木桶及瓶中培养。

（5）黑皮诺（Pinot Noir）

黑皮诺，又叫黑品乐，原产自法国勃艮第，为该区唯一的红酒品种。黑皮诺虽然颜色不深，却有严谨的结构和丰富的口感，极适陈年。年轻时酒香以红色水果香为主，如覆盆子香及樱桃香等。陈年后酒香变化丰富，除动物香外，樱桃香及松露香也常见。除葡萄酒外，黑皮诺经直接榨汁也适合酿制白或玫瑰气泡酒，是香槟区的重要品种之一。

（6）梅洛（Merlot）

梅洛原产自法国波尔多产区，也是波尔多酒庄常用的葡萄酒酿造品种。梅洛果香，酒精含量高，单宁质地柔顺，口感圆润厚实，酸度较低。

2）酿造白葡萄酒的主要葡萄品种

（1）霞多丽（Chardonnay）

霞多丽原产自勃艮第，是目前全世界最受欢迎的酿造白葡萄酒的品种，以制造干白酒及气泡酒为主。霞多丽是适合橡木桶培养的品种，其酒香味浓郁，口感圆润，经久存放，可变得更丰富醇厚。

（2）雷司令（Riesling）

雷司令最早种植于德国莱茵河区。雷司令具有淡雅的花香混合植物香，并有蜂蜜及矿物质香味。其酸度强，但常能与酒中的甘甜口感相平衡，丰富、细致、均衡，非常适合久存。常用于酿造白葡萄酒，即使成熟度过高也常能保持高酸度，香味浓烈优雅，可经数十年的陈年，品质上乘。

（3）长相思（Sauvignon Blanc）

长相思原产自法国波尔多区，主要用来制造适合年轻人饮用的干白酒，或混合塞米雍以制造贵腐白酒。长相思所制葡萄酒酸味强，辛辣口味重，酒香浓郁且独具风味，具有青苹果及醋栗果香混合植物性香（如青草香和黑茶鹿子树牙香），在石灰土质种植的长相思具有火石味和白色水果香。

（4）赛美容（Semillon）

赛美容原产自法国波尔多区。赛美容所制葡萄酒酒香淡，口感厚实，酸味不足。赛美容以生产贵腐白酒著名，葡萄皮适合霉菌的生长，此霉菌不仅吸取葡萄中水分，增高赛美容糖分含量，且因其于葡萄皮上所产生的化学变化，提高了酒石酸度，并产生如蜂蜜及糖渍水果等特殊丰富的香味。

5.2.2　葡萄酒的分类

葡萄酒是指用纯葡萄汁发酵，经陈酿处理后生成的低酒精度饮料。全世界葡萄酒品种繁多，分类方法也不同。

1）按葡萄酒颜色分类

按葡萄酒颜色分类，可分为红葡萄酒、白葡萄酒、桃红葡萄酒。

①红葡萄酒是用皮红肉白或皮肉皆红的葡萄带皮发酵而成，酒液中含有果皮或果肉中的有色物质，使之成为以红色调为主的葡萄酒。这类葡萄酒的颜色一般为深宝石红色、宝石红色、紫红色、深红色、棕红色等。

②白葡萄酒是用白皮白肉或红皮白肉的葡萄经去皮发酵而成，这类酒的颜色以黄色调为主，主要有近似无色、微黄带绿、浅黄色、禾秆黄色、金黄色等。

③桃红葡萄酒是用带色葡萄经部分浸出有色物质发酵而成，它的颜色介于红葡萄酒和白葡萄酒之间，主要有桃红色、浅红色、淡玫瑰红色等。

2）按葡萄酒中二氧化碳分类

按葡萄酒中二氧化碳分类，可分为平静葡萄酒、起泡葡萄酒和加气起泡葡萄酒。

①平静葡萄酒，也称静止葡萄酒或静酒，是指不含二氧化碳或很少含二氧化碳（在20 ℃时二氧化碳的压力小于0.05 MPa）的葡萄酒。

②起泡葡萄酒，葡萄酒经密闭二次发酵产生二氧化碳，在20 ℃时二氧化碳的压力大于或等于0.35 MPa。

③加气起泡葡萄酒，也称为葡萄汽酒，是指由人工添加了二氧化碳的葡萄酒，在20 ℃时二氧化碳的压力大于或等于0.35 MPa。

3）按葡萄酒中含糖量分类

（1）平静葡萄酒

①干葡萄酒是指含糖量（以葡萄糖计，下同）小于或等于4.0克/升的葡萄酒。由于颜色不同，又可分为干红葡萄酒、干白葡萄酒、干桃红葡萄酒。

②半干葡萄酒是指含糖量为4.1～12.0克/升的葡萄酒。由于颜色不同，又分为半干红葡萄酒、半干白葡萄酒、半干桃红葡萄酒。

③半甜葡萄酒是指含糖量为 12.1 ~ 50.0 克 / 升的葡萄酒。由于颜色不同，又分为半甜红葡萄酒、半甜白葡萄酒、半甜桃红葡萄酒。

④甜葡萄酒是指含糖量大于或等于 50.1 克 / 升的葡萄酒。由于颜色不同，又分为甜红葡萄酒、甜白葡萄酒、甜桃红葡萄酒。

（2）起泡葡萄酒

①天然起泡葡萄酒：含糖量小于或等于 12.0 克 / 升的起泡葡萄酒。

②绝干起泡葡萄酒：含糖量为 12.1 ~ 20.0 克 / 升的起泡葡萄酒。

③干起泡葡萄酒：含糖量为 20.1 ~ 35.0 克 / 升的起泡葡萄酒。

④半干起泡葡萄酒：含糖量为 35.1 ~ 50.0 克 / 升的起泡葡萄酒。

⑤甜起泡葡萄酒：含糖量大于或等于 50.1 克 / 升的起泡葡萄酒。

4）按酿造葡萄酒方法分类

按酿造葡萄酒方法分类，可分为天然葡萄酒和特种葡萄酒。

（1）天然葡萄酒

天然葡萄酒是指完全用葡萄为原料发酵而成，不添加糖分、酒精及香料的葡萄酒。

（2）特种葡萄酒

特种葡萄酒是指用新鲜葡萄或葡萄汁在采摘或酿造工艺中使用特种方法酿成的葡萄酒。特种葡萄酒主要有以下几种：

①利口葡萄酒：在天然葡萄酒中加入白兰地、食用精馏酒精或葡萄酒精、浓缩葡萄汁等，酒精度为 15% ~ 22% 的葡萄酒。

②加香葡萄酒：以葡萄原酒为酒基，经浸泡芳香植物或加入芳香植物的浸出液（或蒸馏液）而制成的葡萄酒。

③冰葡萄酒：将葡萄推迟采收，当气温低于 –7 ℃，使葡萄在树体上保持一定时间，结冰，然后采收，带冰压榨，用此葡萄汁酿成的葡萄酒。

④贵腐葡萄酒：在葡萄成熟后期，葡萄果实感染了灰葡萄孢霉菌，使果实的成分发生了明显的变化，用这种葡萄酿造的葡萄酒。

5）按饮用葡萄酒方式分类

按饮用葡萄酒的方式分类，可分为开胃葡萄酒、佐餐葡萄酒和餐后葡萄酒。

（1）开胃葡萄酒

在餐前饮用，主要是一些加香葡萄酒，酒精度一般在 18% 以上，常见的开胃酒有味美思。

（2）佐餐葡萄酒

同正餐一起饮用的葡萄酒，主要是一些干型葡萄酒，如干红葡萄酒、干白葡萄酒等。

（3）餐后葡萄酒

在餐后饮用，主要是一些加强的浓甜葡萄酒。

葡萄酒属于三低（低酒度、低糖、低热量）、三丰富（丰富氨基酸、丰富维生素、丰富无机盐）的酒种。葡萄酒的营养成分，大部分来自葡萄汁，所含的乙醇则来自果汁发酵。

5.2.3 葡萄酒的化学成分及其营养价值

1）葡萄酒的化学成分

葡萄酒一般含酒精 10%~16%，所含乙醇来自果汁发酵。其化学成分来自葡萄汁。现已分析出的成分有 250 种以上。

①多种糖类。含葡萄糖、果糖、戊糖、树胶质、黏液质，皆为人体必需的糖类物质。

②有机酸。含酒石酸、苹果酸、琥珀酸、柠檬酸等，皆为维持体内酸碱平衡的物质，能帮助消化。

③无机盐。葡萄酒内含氧化钾、氧化镁，酒中比例恰好相当于人体肌肉中钾镁元素的比例。酒中磷含量很高，钙低，氯化钠及三氧化二铝低，含硫、氯、铁、二氧化硅、锌、铜、硒等。

④含氮物质。一般葡萄酒内平均含氮量 0.027%~0.05%，葡萄酒内含蛋白质 1 克/升，并含有 18 种氨基酸。

⑤维生素及类维生素物质。葡萄酒内含有硫胺素、核黄素、烟酸、维生素 B_6、维生素 B_{12}、泛酸、叶酸、生物素、维生素 C 等，类维生素物质有肌醇、对氨基苯甲酸和胆碱等以及生物类黄酮等。

⑥醇类。酒精含量 70~180 毫升/升，有少量杂醇油、苯乙醇、二醇类、多元醇、酯类、缩醛等，这些物质形成葡萄酒的呈香、呈味物质。

⑦单宁和色素。红葡萄酒内的单宁比白葡萄酒多，略有苦涩味。红葡萄酒含色素 0.4~0.11 克/升。长时间贮存后，葡萄酒色泽变深，这主要是色素变成胶体，沉淀，氧化后变色所致。

2）葡萄酒的营养价值及医疗、保健作用

（1）葡萄酒的营养价值

葡萄酒具有营养性能，其化学成分较齐全，是无机矿物营养素和有机维生素的良好来源，可供给人体一定热量。酒内所含的硫胺素，可消除疲劳，兴奋神经，核黄素能促进细胞氧化还原，防止口角溃疡及白内障，烟酸能维持皮肤和神经健康，起美容作用，维生素 B_6 对蛋白质代谢很重要，使鱼肉类易消化，叶酸及维生素 B_{12} 有利于红细胞再生及血小板的生成，葡萄酒中还含有铜，铜与铁的吸收和转运有关。葡萄酒可促进人体对铁的吸收，有利于贫血的治疗。

酒内还含有对氨基苯甲酸，它是叶酸的组成部分，可促进红细胞的合成，提高泛酸的利用率。泛酸在酒内含量很高，约为 1 毫克/升，成人每日需要 5~10 毫克。泛酸缺乏易引起疲劳和消化功能紊乱。葡萄酒内含量较高的肌醇，能促进肝脏和其他组织中脂肪的新陈代谢，有效防止脂肪肝，减少血中胆固醇，加强肠的吸收能力，促进食欲。

葡萄酒内含有多种无机盐，其中，钾能保护心肌，维持心脏跳动，钙能镇定神经，镁是心血管病的保护因子，缺镁易引起冠状动脉硬化。这 3 种元素是构成人体骨骼、肌肉的重要组成部分。锰有凝血和合成胆固醇、胰岛素的作用。在红葡萄酒内含

锰 0.04~0.08 毫克 / 升，适量饮用，可调节碳水化合物、脂肪、蛋白质的代谢。硒为强氧化剂，与维生素 E 一起可防治心绞痛、心肌梗死，防止血压升高、血栓形成，红葡萄酒中硒含量为 0.08~0.20 毫克 / 升。

（2）葡萄酒的医疗作用

早在公元前 460—公元前 370 年，古希腊医学家希波克拉底等许多医生开始用葡萄酒治疗疾病，但当时缺乏总结。现代医学家、化学家、营养学家经过科学分析、临床研究认为，葡萄酒有独特的医疗价值，长期适量饮用有治疗贫血、软化血管、改善循环、防病养容的作用。纽约克里博士的研究发现，葡萄酒中含有一种非酒精成分"白藜芦醇"，不仅具有降低胆固醇和甘油三酯的作用，而且还具有抗雌性激素的特性，以及防止乳癌的作用。美国心脏病学家证明，每日饮 200 毫升红葡萄酒能降低血小板聚集、血浆黏度，使血栓不易形成，可预防冠心病的发生。因葡萄酒内含类黄酮的多酚类物质，可改善血液循环。美国哈佛大学研究人员证明，常饮葡萄酒能减少 70% 的心脏病死亡率。

（3）葡萄酒的保健作用

葡萄酒是很容易消化的低度发酵酒，它的酸度接近于人体胃酸（pH 值 2~2.5）的浓度，还含维生素 B_6，因此，可帮助鱼、肉、禽类等消化吸收。

中医也有许多关于葡萄酒的保健和治疗经验，如明朝李时珍的《本草纲目》记载："葡萄酒暖腰肾驻颜色。"

总之，葡萄酒的消化性能良好，营养价值较高，每日饮用 100 mL，对人体健康有益。

5.3　葡萄酒的品鉴

【学习目标】
1. 掌握葡萄酒的鉴别方法。
2. 掌握葡萄酒开瓶、选杯、执杯、斟酒、品尝的礼仪要求。

【导学参考】
1. 学习形式：以小组为单位，选派一名学生，上台讲解、演示葡萄酒的鉴别要求和品尝礼仪。
2. 成果汇报：以小组为单位，合办一期介绍葡萄酒品鉴方法和礼仪要求的电子手抄报。

5.3.1　葡萄酒的鉴别

每瓶葡萄酒都有一张"身份证"，也称"酒标"。通常情况下，酒标会列明该瓶酒的酒龄、级数、出品酒庄、产地、葡萄的年份等信息。鉴别一瓶葡萄酒的品质如何，阅读酒标是重要的第一步。

1）一般酒标中包含的信息（彩图 8）

①酒庄或酒名。在法国，常见以 Chateau 或 Domaine 开头。

②原产地控制命名，即 AOC。

③等级标识。

④酒庄的标志。一般是建筑图案、家族徽章等。

⑤酒庄所在地。

⑥年份。葡萄收获的年份。对于香槟，代表某一香槟品牌风格的常是无年份 NV 香槟。

⑦葡萄品种。葡萄酒酿制所用的葡萄品种。

⑧装瓶信息。注明葡萄酒在哪里或由谁装瓶，一般由酒厂、酒庄、批发商装瓶。

⑨糖分信息。香槟和起泡酒一般会标注出这个信息，表示酒的含糖量。包括 Extra Brut（绝干）、Brut（干）、Extra Dry（半干）、Sec（微甜）、Demi-Sec（半甜）、Doux（甜）。

⑩其他信息。包括酒精度、容量、生产国家等。

2）葡萄酒的年份（Millesimes）

Millesimes，即酒的年份，是葡萄酒专有名词，专指葡萄酒的出生日期。在酒标上标明酒的年份有两个原因：一是标明酒的酒龄；二是注明葡萄收获的年份。一般来说，同一个葡萄园中种植的同一种葡萄，因年份不同，酿造出的葡萄酒口感、香味、酸甜度也有很大的差异。在酒瓶上标明年份，以便消费者根据个人喜好选择不同口味的葡萄酒。

年份不同，同一款葡萄酒的口味也不相同。从酿造者的观点来说，人们永远也不会在不同的年份做出相同的酒来。气候对葡萄而言似乎比对其他的水果更具有决定性的影响，葡萄成熟需持续 45 天，其间，天气的好坏对葡萄质量的影响也非常大。

以酿造葡萄酒最为著名的波尔多为例，根据波尔多地区的记录，从 1930 年到 1980 年的 50 年间，好年份有 20 个，没有一定的规律可循。1930—1939 年只有 2 个，1934 年和 1937 年；1940—1949 年有 3 个，1945 年，1947 年，1949 年；1950—1959 年有 5 个，1950 年，1952 年，1953 年，1955 年，1959 年；1960—1969 年有 4 个，1961 年，1962 年，1964 年，1966 年；1970—1979 年有 6 个，1970 年，1971 年，1975 年，1976 年，1978 年，1979 年。可见每个 10 年中好年份的出现数目都不同，奇数、偶数虽大致相当，但并没有什么规律。

3）葡萄酒的分级

法国葡萄酒的分级制度，可以说是目前全世界最完善的葡萄酒分级制度，它的相关法律规范及管制也相当周全。法国葡萄酒分为下列 4 个等级，从高到低依序为：

① AOC（法定产区葡萄酒，产地范围越小越详细等级就越高）。

② V.D.Q.S（优良地区葡萄酒，是介于法定产区葡萄酒和地区葡萄酒之间的等级）。

③ VIN de PAYS（地区葡萄酒，等级较 V.D.Q.S 低）。

④ VIN de TABLE（日常餐酒）。

4）葡萄酒的酒庄

红酒之乡法国有八大酒庄赫赫有名，它们分别是拉斐庄、拉图庄、奥比安庄、玛歌庄（又叫玛高庄）、当庄、白马庄、奥松庄和柏翠庄，法国顶级的红酒都产自其中。

（1）拉斐庄（Chateau Lafite Rothschild）

一谈到波尔多红酒，相信最为大众所熟悉的就是拉斐庄。早在1855年万国博览会上，拉斐庄就已是排名第一的酒庄（当年把参展酒庄按酒质、售价、名气及历史分为五个级别，排名百余年变动不大）。成熟的Lafite红酒特性是平衡、柔顺，入口有浓烈的橡木味道，十分独特。

（2）拉图庄（Chateau Latour）——酒皇

在法文中，Latour的意思是指"塔"，Latuor就相当于"塔牌"（因酒庄之中有一座历史久远的塔而得名）。不要取笑这个名字老土，在不少小波尔多红酒客的心目之中，它可是酒皇中的酒皇。因为Latuor的风格雄浑刚劲，绝不妥协，一些原本喜爱烈酒的酒客，因为健康原因要改喝红酒，Latour便成了他们的首选。Latour酒庄也因为有众多酒客捧场，而成为酒价最昂贵的一级酒庄之一。

（3）奥比安庄（Chateau Haut-Brion）

奥比安庄早在1855年就已赫赫有名，一级酒庄的排行榜上如果少了它，权威性就

要受到质疑。奥比安庄园现在为美国人所拥有。庄园出产的红酒有 Graves 区的特殊泥土及矿石香气，口感浓烈而回味无穷。奥比安庄除了红酒知名外，其出产的 Haut-BrionBlanc 白酒也是小波尔多公认的顶级的白酒石酸之一。

（4）玛歌庄（Chateau Margaux）

玛歌庄是波尔多红酒产区之一，但也是酒庄的名称。能够使用产区作为酒庄名称，玛歌庄自然有其过人之处，历史也非常悠久。Chateau Margaux 是法国国宴的指定用酒。成熟的 Chateau Margux 口感比较柔顺，有复杂的香味，如果碰到上佳年份，会有紫罗兰的花香。

（5）当庄（Chateau Mouton）

当庄，也称武当王庄、木桐庄。1973 年，法国破例让当庄升格为一级酒庄，到目前为止也是唯一一座获此殊荣的酒庄。当庄庄主非常有商业头脑，不但普通餐酒 Mouton Cadet 的年出产量达数百万瓶，酒庄每年还会邀请一位世界知名的艺术家，替"招牌酒" Mouton Rothschild 设计当年的标签。因为酒的标签本身就颇有艺术价值，所以就算那年的酒不好喝，单是瓶子已是珍贵的藏品。据悉现在要集齐由 1945 年至今全套的 Mouoton 酒，需人民币 50 万元以上。而 Mouton 红酒的特性，就是开瓶之后，酒质与香味变化多端，通常带有咖啡及朱古力香。

（6）白马庄（Chateau Cheval Blanc）

1947年的Cheval Blanc，在不少专业品酒家的心目之中，是近百年来波尔多最好的酒。Cheval Blanc标签是白底金，十分优雅，与酒的品质非常相符。Cheval Blanc在幼年的时候，会带点草表青的味道，但当它成熟以后，便会散发独特的花香，酒质平衡而优雅。

（7）奥松庄（Chateau Ausone）

在1996年的Saint Emilion酒庄排名之中，与白马庄同级的只有奥松庄一个。在20世纪90年代中后期，奥松庄从严要求酒的品质，凡是不符合规格的葡萄都或用来酿造副牌酒Second Labet，或都卖给其他酿造商酿造低级餐酒。因此，近年招牌酒Ausone的年产量都在2 000箱以下，变得异常珍贵。Ausone的特性就是耐藏，要陈放很长一段时间才能饮用，酒质浑厚，带有咖啡与木桶香味，非常大气。

（8）柏翠庄（Petrus）

通常酒庄名字前都会冠以"Chateau"一词，唯柏翠庄例外。因柏翠庄没有漂亮的古堡和大屋，只有小屋。Petrus 红酒的产量极少，因此其售价也是八大酒庄之中最贵的。在酒客心目中，它是红酒王中王。

5.3.2 葡萄酒的品饮

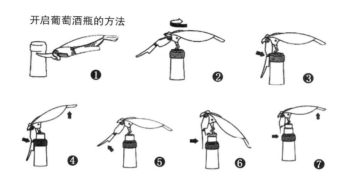

开启葡萄酒瓶的方法

1）葡萄酒的开瓶

（1）除封套

用开瓶器上的小刀沿着瓶口的圆圈状突出部位，切开封瓶口的胶帽，不要转动瓶子，以防年份比较久远的酒中沉淀物飘起，而影响酒味。

（2）擦瓶口

放置比较久的红酒要用干净的白色餐巾擦拭或用餐布去掉瓶口的灰。保存较久的红酒，木塞可能有点霉，属于正常现象，只需擦干净霉点就可以了。

（3）拔软木塞

将螺丝钻的尖端插入木塞的中间（如果插在边上容易导致木塞断裂或者有木碎片掉到酒里），再以顺时针方向钻入木塞中。如果你用的是蝴蝶形的酒起子，在螺丝钻进去的时候，两边的把手会起来，到了顶部的时候，再将两个把手同时往下一按，木塞就起出来了。注意不要将螺丝钻全部钻进木塞，而应留一环，因为都钻到底会将软木碎片掉到酒里面。

钻进木塞后，将金属支点放在瓶口，一手握着瓶肩，一手握起子把，提起来，木塞就提出来了。如果是长的木塞，可以在起了一半的时候再钻入一环后再提。可使用杠杆式开瓶器的螺旋形铁锥将瓶塞平稳且缓慢地拉起，以避免在开瓶过程中损坏酒。当瓶塞快要脱离瓶口时，用手将塞子轻轻拉出，以免发出很大声响。

2）常用的几种葡萄酒酒杯

合适的酒杯可以通过合适杯形的引导将酒液引向舌头上最适宜的味觉区。因此，选择合适的葡萄酒杯来品尝葡萄酒是非常重要的。

（1）选杯原则

①透明材质。葡萄酒酒杯的材质应该光滑透明，因为品酒的第一步就是察看葡萄酒的颜色，它可以帮助我们了解酿酒葡萄品种和酒龄等信息。

②杯肚的大小。杯肚应该足够大，方便摇杯而不至于将酒液洒出来，因为摇杯能帮助释放葡萄酒中的香气。

③高脚杯。选择高脚杯的原因之一是避免杯肚上的指纹影响酒体颜色的观察。另外，由于葡萄酒对温度极其敏感，因此，捏住高脚杯的脚或底部可避免体温影响酒温，进而影响葡萄酒的口感。

④杯肚的形状。标准的葡萄酒酒杯都是锥形的，即其开口较其杯肚更小，因为这样的造型有利于葡萄酒香气的凝聚。

（2）葡萄酒杯的类型

专业的品酒者都认为不同风格的葡萄酒需要用不同类型的酒杯来盛装才能突出其特点和风味。一般来说，葡萄酒杯有杯肚大的红葡萄酒杯、杯肚略小的白葡萄酒杯以及长笛形的起泡酒杯3种。而按照不同酒杯盛装不同风格葡萄酒的原则，其类型又可大致分为以下几种：

①波尔多杯。波尔多杯适合大多数法国产的波尔多红葡萄酒。其酒酸度高，涩味较重，所以要求杯身长而杯壁呈弧线的郁金香杯形，因为杯壁的弧度可以有效地调节酒液在入口时的扩散方向。另外，较宽的杯口则有利于我们更为敏锐地感觉到波尔多葡萄酒渐变的酒香。

②勃艮第杯。勃艮第杯适合品尝果味浓郁的勃艮第红葡萄酒。因为其大肚子的球体造型正好可以引导葡萄酒从舌尖漫入，实现果味和酸味的充分交融，而向内收窄的杯口可以更好地凝聚勃艮第红葡萄酒潜在的酒香。

③香槟杯。香槟杯适合所有起泡酒。其突出特点是杯身细长，给气泡预留了足够的上升空间。标准的香槟杯杯底都会有一个尖点，这样可以让气泡更加丰富且漂亮。冰酒也可以使用香槟杯来品尝。

④甜酒杯。较矮小的杯体适合与甜酒如甜白、波特酒和雪利酒等搭配。外翻的杯口将酒味很好地聚集在舌尖，将果味的甘甜发挥得淋漓尽致。

⑤长相思杯、霞多丽杯、雷司令杯等白葡萄酒杯。因为白葡萄酒的最佳饮用温度较低，所以为了防止杯中葡萄酒的温度快速上升，酒杯大多都较小。而依据不同的葡萄品种，选择不同形状的白葡萄酒杯去品尝，也会带来意想不到的体验。长相思属于清爽甘冽型葡萄酒，因此其酒杯的开口和杯肚都较小，

适合香气的凝聚，有利于淡化酸度。霞多丽酒杯在开口和杯肚上相对大一些，这与其饱满的酒体相匹配。而雷司令酒杯杯肚更高，杯沿略微外翻，有利于减缓酒入口的速度，淡化酸度。

3）执杯方式

我们喝惯了啤酒和白酒，一不留神就会用拿啤酒杯和白酒杯的方式，握住高脚杯的杯壁。这样不仅姿势不优美，而且手的温度会使酒温升高，影响酒的口感。

正确的持杯姿势应该是用拇指、食指和中指夹住高脚杯杯柱最细的那地方。首先，夹住杯柱便于透过杯壁欣赏酒的色泽，便于摇晃酒杯去释放酒香。如果握住杯壁，手指就挡住了视线，也无法摇晃酒杯。其次，饮用葡萄酒讲究一定适饮温度，如果用手指握住杯壁，手温将会把酒温热，影响葡萄酒的正常口感。

如果仔细考究持杯姿势，根据不同的鉴赏时段，还可用这种姿势：在观察酒色、欣赏酒香阶段，或在宴会上，如果需要走动，用拇指和食指夹住杯柱底端，拇指竖起垂直倚在杯柱上，食指弯曲卡在杯座上面，其余手指以握拳形式垫在杯座底下起固定作用。这样，无论是向外倾斜 45° 去观察酒色，还是向内倾斜 45° 来探询酒香，都能控制自如。

4）葡萄酒的斟酒

正确、迅速、优美且规范的斟酒动作往往会给客人留下美好的印象。因此，在葡萄酒礼仪中，斟酒也是一个重要的环节。

斟酒的方式有两种：桌斟和捧斟。桌斟是指客人的酒杯放在餐桌上，侍者持酒瓶向杯中斟酒。一般情况下，瓶口应在杯口上方 2 厘米左右处为宜，瓶口不宜粘贴杯口，以免有碍卫生或发出声响。捧斟适用于酒会，其方法是一手握瓶，一手将酒杯捧在手中，站在宾客的右侧，优雅、大方地向杯内斟酒。

侍者在斟酒时，要站在每一个餐位的右侧，面向客人，右脚前，左脚后，呈"丁"字步站立，用右手握住酒瓶下半部和酒标背部。需要强调的是，必须把酒的正标显露出来，以便喝酒的人看到酒标。斟酒时需尽量伸直手臂，避免胳膊肘弯曲过大影响后面的客人。

红葡萄酒入杯均为 1/3，白葡萄酒入杯为 2/3，白兰地入杯为 1/2，香槟斟入杯中时，应先斟到 1/3，待酒中泡沫消退后，再往杯中续斟至 7 分满即可。

斟酒时，应先斟一些给主人品尝，在主人表示满意后再为他人斟酒。侍者首先要给女主宾斟酒，然后依次给所有女性倒酒，随后是男性，最后才是主人。主人也可以给自己倒酒，但顺序依旧不变。不同的葡萄酒斟酒的顺序也是有讲究的。如先上酒质较轻的葡萄酒，后上酒质较重的葡萄酒；先上干葡萄酒，后上甜葡萄酒；先上新酒，后上老酒。

在宴会开始前 5 分钟之内要将葡萄酒斟入每位宾客杯中，斟好酒后就可请客人入座。在宴会开始后，应在客人干杯后及时为客人添斟，每上一道新菜后同样需要添斟，客人杯中酒液不足时也要添斟。不过，当客人掩杯或者用手遮挡住杯口时，说明客人

已不想喝酒，此时，则不应该再斟酒。

5）葡萄酒的品尝步骤

（1）观

摇晃酒杯，观察其缓缓流下的酒脚；再将杯子倾斜45°，观察酒的颜色及液面边缘（以在自然光线的状态下最理想），这个步骤可以判断出酒的成熟度。一般而言，白葡萄酒在它年轻时是无色的，但随着陈年时间的增长，颜色会逐渐由浅黄并略带绿色反光，到成熟的麦秆色、金黄色，最后变成金铜色。若变成金铜色时，则表示已经太老不适合饮用了。红葡萄酒则相反，它的颜色会随着时间而逐渐变淡，年轻时是深红带紫，然后会渐渐转为正红或樱桃红，再转为红色偏橙红或砖红色，最后呈红褐色。

（2）闻

将酒摇晃过后，再将鼻子深深置入杯中深吸至少2秒，重复此动作可分辨多种气味。具体操作分为以下两个步骤：

第一步是在杯中的酒面静止状态下，把鼻子探到杯内，闻到的香气比较幽雅清淡。

第二步是手捏玻璃杯柱，不停地顺时针摇晃品酒杯，使葡萄酒在杯里做圆周旋转，酒液挂在玻璃杯壁上。这时，葡萄酒中的芳香物质，大都能挥发出来。停止摇晃后，第二次闻香，这时闻到的香气更饱满，更充沛，更浓郁，能够比较真实、准确地反映葡萄酒的内在品质。

（3）尝

小酌一口，并以半漱口的方式，让酒在嘴中充分与空气混合且接触到口中的所有部位。当你捕捉到红葡萄酒的迷人香气时，酒液在你口腔中是如珍珠般的圆滑紧密，如丝绸般的滑润缠绵，让你不忍弃之。此时可归纳、分析出单宁、甜度、酸度、圆润度、成熟度，也可以将酒吞下，以感觉酒入喉后的终感及余韵。

（4）吐

当酒液在口腔中充分与味蕾接触，舌头感觉到它的酸、甜、苦味后，再将酒液吐出，此时要感受的就是酒在你口腔中的余香和舌根余味。余香绵长、丰富，余味悠长，就说明这是一款不错的红葡萄酒。

5.4 美食与美酒的黄金搭配

【学习目标】

1.了解餐前酒、佐餐酒和餐后甜酒的作用、种类及饮用方法。

2.掌握美食与美酒的搭配原则。

3.掌握酒在西餐烹调中的使用方法。

【导学参考】

1.学习形式：小组自主学习，合作探究，每组从下面任选两个话题演讲，并以"美食与美酒的黄金搭配"为主题做总结汇报。

2.可选话题：

①餐前酒、佐餐酒和餐后甜酒的作用、种类及饮用方法。

②美食与美酒的搭配原则。

③酒在西餐烹调中的使用。

④也可根据本节内容，自拟话题。

西餐的特点是人在用餐的同时，享受一种优雅、浪漫和温馨的氛围。酒是一种能够营造浪漫氛围的特殊饮品，所以酒在西餐中有着特殊的地位，不仅种类多，而且各有各的配菜、各有各的喝法。

5.4.1 西餐用餐过程中酒的饮用

1）餐前酒（Aperitif）

餐前酒也称开胃酒，是指在餐前饮用的，喝了后可以刺激人的胃口，使人增加食欲的饮料。开胃酒主要是以葡萄酒或蒸馏酒为原料加入植物的根、茎、叶、药材、香料等配制而成。主要品种有味美思、比特酒、茴香酒。

①味美思（Vermouth）。味美思是以葡萄酒为基酒，加入植物、药材等物质浸制而成，酒精度在18°左右。最好的产品来自法国和意大利，常见的品牌有法国产的乐华里、意大利产的红白马天尼和红白仙山露。

②比特酒（Bitters）。比特酒也称必打士，是用葡萄酒或某些蒸馏酒做基酒，再加入植物根茎和药材配制而成，酒精度为18°~45°，味道苦涩。常见的牌子有意大利产的金巴利酒、杜本那、菲奈特·布兰卡、西娜尔，德国产的安德卜格和

中美洲特立尼达出产的安哥斯特拉。

③茴香酒（Anisette）。茴香酒是用蒸馏酒与茴香油配制而成的，口味香浓刺激，分染色和无色，一般有明亮的光泽，酒精度约为25°。常用的牌子有潘诺酒、里卡德、巴斯特51。

餐前酒的饮用方法有以下几种：

① 净饮。使用工具：调酒杯、鸡尾酒杯、量杯、酒吧匙和滤冰器。

做法：先把3粒冰块放进调酒杯中，量42毫升开胃酒倒入调酒杯中，再用酒吧匙搅拌30秒钟，用滤冰器过滤冰块，把酒滤入鸡尾酒杯中，加入一片柠檬。

②加冰饮用。使用工具：平底杯、量杯、酒吧匙。

做法：先在平底杯加进半杯冰块，把1.5毫升量杯开胃酒倒入平底杯中，再用酒吧匙搅拌10秒钟，加入一片柠檬。

③混合饮用。开胃酒可以与汽水、果汁等混合饮用，也是作为餐前饮料。

金巴利酒加苏打水。

做法：先在柯林杯中加进半杯冰块，一片柠檬，再量42毫升金巴利酒倒入柯林杯中，加入68毫升苏打水，最后用酒吧匙搅拌5秒钟。

金巴利加橙汁。

做法：先在平底杯中加进半杯冰块，再量42毫升金巴利酒倒入平底杯中，加入112毫升橙汁，用酒吧匙搅拌5秒钟。

其他开胃酒如味美思等也可以照此混合饮用。除此之外，还可调制许多鸡尾酒饮料。

2）佐餐酒

佐餐酒是在进餐时饮的酒，常用葡萄酒（Wine）。外国人就餐时通常只喝佐餐酒。佐餐酒包括红葡萄酒、白葡萄酒、玫瑰红葡萄酒和汽酒。

佐餐酒或低度葡萄酒是一种发酵的葡萄汁，其酒精含量有了一定程度的降低，而且，佐餐酒不起泡。根据美国的标准，佐餐酒的酒精含量不高于14%；在欧洲，低度葡萄酒的酒精含量是容量的8.5%~14%。

葡萄酒就是西餐中最为普遍的佐餐酒。葡萄酒不仅酒精度适中，大多为8°~14°，而且酒里有酸，特别是白葡萄酒，酒里的酸既能开胃又能分解蛋白，使人越吃菜越有滋味。

3）餐后甜酒（Dessert Wine）

餐后甜酒又称甜食酒，又叫利口酒（Liqueur）。通常以葡萄酒作为酒基，加入食用酒精或白兰地以增加酒精含量，故又称为强化葡萄酒。餐后甜酒糖分很多，促进食物消化，是佐助西餐的最后一道饮品。

利口酒由中性酒如白兰地、威士忌、朗姆、金酒、伏特加或葡萄酒为基酒，加入果汁和糖浆，再浸泡各种水果或香料植物，经过蒸馏、浸泡、熬煮等过程而制成，至少含有2.5%的甜浆。甜浆可以是糖或蜂蜜，大部分的利口酒含甜浆量都超过2.5%。利口酒所采用的加味材料千奇百怪，最常见的分两大类，即植物、水果。所以利口酒酒味芬芳，口味甘美，适合饭后单独饮用。

利口酒相对来说糖的含量较高，在国外一般用于餐后或调制鸡尾酒，具有和胃、醒脑等保健作用，或作为烹调和制甜点用酒。利口酒味道香醇，色彩艳丽柔软。其主要品种有雪莉酒（Sherry）、波特酒（Port）、玛德拉酒（Madeira）、玛萨拉酒（Marsala）。

5.4.2 美酒与美食的搭配原则

世界美食大师安德烈·西蒙曾经说过："葡萄酒会使每一张餐桌更优雅，每一天更文明。"在西餐进餐过程中，常常饮用葡萄酒以促进食物的消化。如何选用适合的葡萄酒要依据食物而定，通常遵循如下基本法则：

1）颜色法则

红葡萄酒配红肉，白葡萄酒配白肉和海鲜是最基本的法则。所谓红肉包括牛羊和野味，鸭肉因为肉质较硬，味道重，也被列为红肉，所谓白肉包括鱼肉和鸡肉等。

2）香味法则

葡萄酒与菜肴香味的协调，也是值得重视的。例如，西点水果派最好搭配富有新鲜果香的甜白葡萄酒，如果要吃海鲜，则需要喝带点柠檬香的干白葡萄酒。

3）酸度法则

酸度高的食物常常会破坏葡萄酒口味上的平衡，不太容易搭配，特别是加了醋的食物。因此，与之相配的葡萄酒最好是普通无特性的酒。

4）甜度法则

一般来说，甜点主要搭配贵腐甜白葡萄酒或德国冰葡萄酒。但是甜酒浓厚圆润的口感，也适合搭配浓稠且香滑圆润的菜肴，例如，鹅肝或奶酪，同时也可配一些含有微甜成分的咸卤味食物。

5）单宁法则

红酒中特有的单宁虽在口中会产生干涩的感觉，但它却可软化肉类的纤维，让肉质细嫩，所以单宁重的红酒可以搭配咬感较坚韧的肉类。

6）丰富性法则

家常的简单食物搭配普通简单的葡萄酒就可以了，若是口味精致丰富的菜肴，则不妨采用口感细腻，味道多变、多层次的葡萄酒，让食物和酒能相映生辉，更重要的是不要让两者的重要性失衡，让酒和菜肴的任何一方变成配角。例如，一般烧烤类的食物口味较接近原味，选择简单点的酒就可以了，若是味道比较复杂的主菜，就适合陈年较久、口感丰富的葡萄酒。

7）烹饪酒法则

葡萄酒有时也被用来作为烹调的佐料。若碰上加了料酒的菜，要注意料酒和餐酒之间是否协调相合。通常情况下，用同一种酒最好。

8）前后秩序法则

如同品酒的秩序一样，一餐如果搭配多种葡萄酒时，最好把清淡不甜且简单的酒安排在前面，如此才能渐入佳境。

5.4.3　西餐烹调中酒的使用

洋酒与菜式的搭配有一定的规律，这些规律是人们长期饮食生活实践经验的总结，它遵循一个简单的道理：酒与菜肴的搭配要风味对等、对称、和谐，并为饮用者所能接受和欢迎。

具体来说，色香味淡雅的酒品应与色调冷、香气雅、口味纯的菜肴相结合，香味浓郁的酒应与色调热、香气馥、口味杂的菜肴相结合。

一般来说，白酒常被采用调制海鲜类或白肉烊菜式，红酒则是烹调牛肉、红肉类、野味类菜肴的传统搭配。咸食选用干、酸型酒类，甜食选用甜型酒类，辣食选用强香型酒类。在菜肴制式难以确定时，则选用中性酒类。

1) 常用洋酒的品性及用途

在实际烹饪中，常用洋酒的品性及用途如下：

①红葡萄酒（Red Wine），简称红酒。红酒分为甜型和干型两种，适宜吃红肉类菜肴时饮用，是烹饪红肉类菜肴时的最佳酒烊，尤其是在红酒烧牛肉、红酒烩牛尾及红酒烩酿牛肉卷方面更是配合得天衣无缝。红酒的馥郁酒香正好与牛肉的丰腻肉味产生理想的效果，令汁液更为浓郁，肉香四溢。至于红酒烩鸡更是法国菜式中的精选。另外，红酒最好不要和鱼、蛋、蚝类等食物搭配，但若用于腌制和烹制野味类，则又能帮助去除膻味，增加野味的香味。

②白葡萄酒（White Wine），简称白酒。白酒干型的较多，清冽爽口，适宜吃海味类菜肴时饮用。烹调中使用广泛，常用于海鲜或牛仔肉及鸡肉等白肉类菜式，能掩盖海鲜的腥味，带出其鲜美的原味。如白酒青白、白酒汁石斑等。烹调时最好选用干烈型白葡萄酒，这类白酒含有较高的酸度，调成的菜式格外清香。

③香槟酒（Champagne），有着酒皇的美称。香槟酒色泽金黄透明，味微酸甜，果香大于酒香，缭绕不绝，口感清爽、纯正，各路味觉恰到好处。香槟多伴于鱼虾等海鲜类，配海鲜类的汁用香槟调制将更加美味可口，如扒大虾香槟汁。

④芬劳酒（Pernod），具有兴奋作用的法国酒，香气甚盛。在烹饪中常用于海鲜菜式中，具有祛腥、调味、增加海鲜的鲜美味，如海鲜清汤中加入几滴则鲜香味俱全。

⑤啤酒（Beer），啤酒清香可口，在烹饪中也常用于调味，尤以德式菜使用较多，如德国啤酒烩牛肉，黑啤也常用于德式面包的制作。

⑥雪利酒，可分为两大类：Fino和Oloroso。其中，Oloroso属强香型酒品，色泽金黄棕红，透明度好，香气浓郁，口味浓烈柔绵，酒度丰富圆润。在烹饪中常用于清汤类的调味，特别是牛肉清汤，加入后清香无比，更能显露出牛肉的香味。

⑦白兰地（Brandy），白兰地以法国干邑（Cognac）最为有名。白兰地在西餐烹调中用途非常广泛，如腌制肉类时，冻肉批加工时，煎扒肉类时加入白兰地都能去除异味，增加肉类的香味。在调制汁水类时，将白兰地倒入锅内，令其沸腾更会散发浓郁

的香味，如黑椒汁等。

⑧波特酒，是经过增强酒性的葡萄酒。钵酒常用于烹调之中，腌制肝类菜时，更是不可缺少，它能去除肝的腥异味，增加肝的独特香味，如有名的法国鸭肝酱、稻肝酱等。另外，也多用于热汁水类中。

⑨玛德拉酒，在烹调中的用途与波特酒相似，最常见的是扒肉类配马爹利酒。

2）西餐甜品西饼的制作中常用的洋酒

在西餐甜品西饼的制作中常用的洋酒有玛萨拉酒、朗姆酒、君度橙酒（Cointreau）、金万利香橙酒（Grand Marnier）、白樱桃酒（Kirsch）等，它们的加入，让西点更加多姿多彩，香气纷呈，口味独具特色，令人垂涎欲滴。

5.4.4　红酒与美食的搭配禁忌

①忌与熏腊食品同食。熏腊食品中含有较多的亚硝胺和色素，如果与红酒一起下肚，会产生反应，不仅伤肝，还会诱发癌症。因此，在品尝红酒的时候首要避开的美食就是熏腊食品。

②忌与烧烤食物同食。抵挡不住美食诱惑的我们总是有吃夜宵的习惯，而烧烤则成了美食诱惑之一，但食物在烧烤的过程中会产生致癌物质苯并芘，而且肉类中的核酸经过加热分解产生的基因突变物质也有可能会导致癌症的发生。而当你在喝葡萄酒的时候，血液中的铅含量就会增高，若是与烧烤中产生的物质相结合就很容易诱发消化道肿瘤。所以烧烤也是不能与红酒做搭配的食物之一。

③忌与胡萝卜同食。胡萝卜虽然是非常有营养的蔬菜，但胡萝卜中的胡萝卜素与红酒在肝脏酶的作用下会产生有毒物质。所以胡萝卜也不能与红酒做搭配，但若是胡萝卜单独食用，其营养价值还是很高的。

④忌与凉粉同食。凉粉在加工过程中会加入适量的白矾，而白矾则具有减缓肠道蠕动的作用，若是凉粉佐酒则会延长酒精在肠道中的停留时间，增强人体对酒精的吸收，减缓血流速度，让人即使喝的很少也会酩酊大醉。因此，凉粉也不可以与红酒搭配食用。

因为再好吃的食物都有它的搭配禁忌，所以在日常生活中应该对喜爱的食物多加注意，对红酒更是不能例外，如果搭配不当除了会影响红酒的风味以外，还很容易对身体造成危害。

章 后 复 习

一、知识问答

1. 品尝葡萄酒分为_____、_____、_____、_____几个步骤。

2. 常用的葡萄酒的葡萄品种有_____。

3. _____是最好的葡萄酒与菜肴搭配法则。

4. Millesimes，即_____，是葡萄酒专有名词，专指葡萄酒的出生日期。

5. 按葡萄酒颜色划分，葡萄酒可分为_____、_____、_____；按葡萄酒中含二氧化碳划分，葡萄酒可分为_____、_____；按葡萄酒中含糖量划分，葡萄酒可分为_____、_____、_____；按酿造葡萄酒方法划分，葡萄酒可分为_____、_____；按饮用葡萄酒方式划分，葡萄酒可分为_____、_____、_____。

6. 法国葡萄酒分为4个等级，依次是_____、_____、_____、_____。

7. 红酒之乡法国有八大酒庄赫赫有名，它们分别是_____。

8. 高档葡萄酒则分为两个等级，它们是_____。

二、思考练习

1. 说一说葡萄酒的历史。

2. 介绍一些葡萄酒的分类方法。

3. 葡萄酒与菜肴搭配的原则是什么？

4. 如何通过葡萄酒的酒标来鉴定一款葡萄酒？

5. 如何品尝葡萄酒？

6. 西餐烹调中如何选用葡萄酒？

三、拓展实践

1. 每组选派1~2名同学借助图片讲解葡萄酒的酒标。

2. 根据葡萄酒在西餐烹调中的使用，每组设计一道用酒烹调的菜肴。

第6章
香甜可口的西点美食

　　西式面点起源于欧美地区，是西方饮食文化的重要组成部分。它用料讲究，风味独特，造型美观，品种丰富，在西餐饮食中起着举足轻重的作用，是人们下午茶和欢乐生活中一道靓丽的美食风景。具有西方民族风格和特色的德式、法式、英式、俄式等各式糕点传到全世界后，因地域与民族的差异，其制作方法千变万化。

　　每每逛街，映入眼帘的一个个精美别致的西点屋令人目不暇接。留意一下，从西点屋出来的人手里不是蛋糕、冰激凌，就是蛋挞、慕斯。西点的甜蜜诱惑，是从那一家家装扮漂亮的透明玻璃屋里展示出来的；西点的甜蜜诱惑，是从那一排排香味扑鼻的小精灵身上散发出来的。西点工艺性强，形态多姿，色彩绚丽，装饰手法简洁明快，每一个产品都是一件精工细作的艺术品，不仅具有食用价值，还具有观赏价值，能表达很多美好的情感。

　　本章将带你走进时尚诱惑的西点世界，领略香甜可口的西点美食。

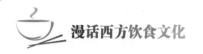

6.1　西点的起源和发展

【学习目标】

1. 了解西点的由来及相关知识，拓宽专业知识。

2. 能清晰流畅地讲述西点的起源及发展趋势，提高口语表达能力。

【导学参考】

1. 学习形式：小组讨论，合作探究，选择话题汇报学习成果。

2. 研讨任务：

①结合收集的资料，谈谈西点的发展趋势。

②讲述西点的由来。

③介绍一款你最喜欢的西点，说说你从中受到哪些启示，有什么创意或改进。

④借助 PPT 解说西点的起源。

6.1.1　西式面点的起源

西式面点简称"西点"，主要指来源于欧美国家的点心。它是以面、糖、油脂、鸡蛋和乳品为原料，辅以干鲜果品和调味料，经过调制成型、装饰等工艺过程而制成的，具有色、香、味、形、质俱佳的特点。

西点行业在西方通常被称为"烘焙业"，在世界烹饪史上享有很高的声誉。欧洲是西点的主要发源地。西点制作在英国、法国、西班牙、德国、意大利、奥地利、俄罗斯等国家已有相当长的历史，并在发展中取得了辉煌的成就。

据史料记载，古代埃及、希腊和罗马已经开始了最早的面包和蛋糕制作。古埃及的一幅绘画，展示了公元前 1175 年底比斯城的宫廷焙烤场面。从画中可以看出几种面包和蛋糕的制作情景，说明有组织的烘焙作坊和模具在当时已经出现。据说，普通市民用做成动物形状的面包和蛋糕来祭神，这样就不必用活的动物了。一些富人还捐款作为基金，以奖励那些在烘焙品种方面有所创新的人。据统计，在这个古老的帝国，面包和蛋糕的品种多达 16 种。

现在人们知道的英国最早的蛋糕是一种称为"西姆尔"的水果蛋糕。据说它来源于古希腊，其表面装饰的 12 个杏仁球代表罗马神话中的众神，今天欧洲有的地方仍用它来庆祝复活节。

据称，古希腊史上最早在食物使用的甜味剂是蜂蜜，蜂蜜蛋糕曾一度风行欧洲，尤其是在蜂蜜产区。古希腊人用面粉、油和蜂蜜制作了一种煎油饼，还制作了一种装有葡萄干和杏仁的挞，这也许是最早的食物挞。亚里士多德在他的著作中曾多次提到过各种烘焙制作。

古罗马人制作了最早的奶酪蛋糕。迄今，最好的奶酪蛋糕仍然出自意大利。古罗马的节日一度十分奢侈豪华，以至公元前 186 年罗马参议院颁布了一条严厉的法令，禁止人们在节日中过分放纵和奢华。这以后，烘焙糕点成了妇女日常烹饪的一部分，而从事烘焙业则是男人们一项受尊重的职业。据记载，在公元前 4 世纪，罗马成立了专门的烘焙协会。

初具现代风格的西式糕点大约出现在欧洲文艺复兴时期。糕点制作不仅革新了早期的方法，而且品种也不断增加。烘焙业已成为相当独立的行业，进入了一个新的繁荣时期。

现代西点中两类最主要的点心：派和起酥点心相继出现。1350 年一本关于烘焙的书记载了派的 5 种配方，同时还介绍了用鸡蛋、面粉和酒调制成能擀开的面团，并用其来制作派。法国和西班牙在制作派的时候，采用了一种新的方法，即将奶油分散到面团中，再将其折叠几次，使成品具有酥层。这种方法为现代起酥点心的制作奠定了基础。大约在 17 世纪，起酥点心的制作方法进一步完善，并开始在欧洲流行。

丹麦包和可颂包是起酥点心和面包相结合的产物。哥本哈根以生产丹麦包而著称。可颂包通常做成角状或弯月状，这种面包在欧洲有的地方称为"维也纳面包"。传说，大约在 1683 年，土耳其军队围攻维也纳城，一位烘焙师制作了一种月牙面包，把它挂在教堂前，嘲笑土耳其国旗上的月牙标志。可颂包更早的文学记载见于有关德国复活节的糕点介绍，它被作为山羊角的象征。据说，可颂包是从德国传到维也纳以及西班牙，并将它作为一种早点的。西班牙人似乎发挥了他们天才般的艺术想象力，将起酥点心和可颂包做得十分完美。另外据推测，制作海绵蛋糕浆料所采用的搅打法，也是首先由西班牙人创造的。

据记载，最原始的面包甚至可以追溯到石器时代。早期面包一直采用酸面团自然发酵方法。16 世纪，酵母开始运用到面包制作中。18 世纪，磨面技术的改进为面包和其他糕点提供了质量更好、种类更多的面粉。这些都为西式糕点的制作生产创造了有利条件。

18 世纪到 19 世纪，在西方政体改革、近代自然科学和工业革命的影响下，西点烘焙业发展到一个崭新阶段。维多利亚时代是欧洲西点发展的鼎盛时期。一方面，贵族豪华奢侈的生活反映到西点特别是装饰大蛋糕的制作上；另一方面，西点也朝着个性化、多样化的方向发展，品种更加丰富多彩。同时，西点开始从作坊式的生产步入现代化的工业生产，并逐渐形成了一个完整和成熟的体系。

如今，烘焙业在欧美十分发达，西点制作不仅是西式烹饪的组成部分，而且是独立于西餐烹调之外的一种庞大的食品加工行业，成为西方食品工业主要支柱产业之一，犹如西方饮食文化中一颗璀璨的明珠。

6.1.2 西式面点的发展简况及其趋势

1）西式面点的发展简况

西式面点（简称西点）的主要发源地是欧洲。据史料记载，古代埃及、希腊和罗马已经开始了最早的面包和蛋糕制作，西点制作在英国、法国、德国、意大利、奥地利、俄罗斯等国已有相当长的历史，并在发展中取得了显著的成就。

史前时代，人类已懂得用石头捣碎种子和根，再混合水，搅成较易消化的粥或糊。公元前9000年，位于波斯湾的中东民族，把小麦、大麦的麦粒放在石磨上碾磨，除去硬壳、筛出粉末，加水调成糊后，铺在被大太阳晒热的石块上，利用太阳把面糊烤成圆圆的薄饼。这就是人类制出的最简单的烘焙食品。

若干世纪前，面包烘焙在英国主要起源于地方性的手工艺，然后才逐渐普及到各个家庭。直到20世纪初，这种情形由于面包店大量采用机器制作后而发生改变。在世界各国一般面包均采用小麦为原料，但是很多国家也有用燕麦或小麦与燕麦混合制作，种类繁多，因地区、国家不同而有所不同。英国面包大多不添加其他作料，但英国北部地区则在面包中加牛奶、油脂等。法国面包成分较低，烤出的成品口感硬脆。

20世纪后期，欧美各国科技发达，生活富足，特别是美国，粮食丰富，种类繁多，面包的主食地位日渐下降，逐渐被肉类取代，但随之而来的却是心脏病、糖尿病的增加，这使人们对食物进行重新审视，开始提倡回归自然，素食、天然食品大行其道。

据传，欧洲的面点是在13世纪明代万历年间由意大利传教士利马窦带入。此后，其他西方国家的传教士、外交官与商人大量入境，西餐食物更多的制作方法和烹调技术也相应传入。19世纪50年代清后期所出的西菜馆，大多建立在上海。后来，各个通商的口岸也纷纷开设面包店。如今随着中国市场的开放，西点在中国正呈现出广阔的发展前景。

2）西式面点的发展趋势

（1）提倡回归自然

在欧美各国科技发达注重健康的现状下，人们不得不对食物进行重新审视。由于面包已经从其稳居主食的地位日渐下降，当回归自然之风吹向烘焙行业时，人们再次用生物发酵方法烘制出具有诱人芳香美味的传统面包，至于用最古老的酸面种发酵方法制成的面包，则越来越受到中产阶层人士的青睐。

（2）提倡天然保健食品

西点制造商不断求新求变，加入各式各样辅料，以求点心款式多，营养价值高，食后健康。全麦面包、黑麦面包，过去因颜色较黑，口感粗糙，较硬而被摒弃，如今却因含较多的蛋白质、维生素而成为时尚的保健食品。

（3）提倡出售新鲜面包

多个世纪以来所追求的"白面包"逐渐失宠，那些投放在超级市场内，标榜卫生、全机械操作而成的面包，失去了吸引力，而出售新鲜面包的小店又开始林立在城市中。

（4）重视提高技艺

西点制造业经常举办有关点心的各类比赛和展览，以增加专业人士互相考察、学习、鉴别的机会，以此不断改进西点制作工艺。如各国面点名师不断示范、交流，带来了各地的特色面包。各国食品厂为了推销自己的产品，也经常带来世界西点业的走向和信息等。这些都有利于西式面点师开阔视野，提高技艺，同时也使西式面点的制作工艺日新月异，其制品颇具特色。

（5）重视科学研究

如瑞士、美国等国家均设置有烘焙培训及研究中心，其谷物化工、食品工程、食物科学和营养学方面的专家也较多，他们既注意吸取其他国家的成功经验，又注重突出本国的特色，坚持不懈地在各款西式面点的用料、生产过程等方面进行探索、改良，从而使西式面点得到不断的发展和创新。

6.2　琳琅满目的西点种类

【学习目标】

1. 了解西点种类及划分标准，丰富专业知识。

2. 能用生动准确的语言讲述西点种类及划分标准，提高口语表达能力。

【导学参考】

1. 学习形式：分小组讨论，学生通过收集相关资料和图片来讲述内容，还可通过创办电子报、手抄报等多种形式展示介绍西点种类。

2. 研讨任务：

①认识琳琅满目的西点种类。

②讲述西点种类及划分标准。

③搞一次成果展示会，同学们划分小组，每组承担一种类型的西点制作，展示按种类制作的西式点心。

④制作一份有关介绍西点种类的手抄报。

西点主要是指来源于欧美国家的糕饼点心。它以面粉、糖、油脂、鸡蛋和乳品为主要原料，辅以干鲜果品和调味品，经过调制、成型、成熟、装饰等工艺过程而制成的具有一定色、香、味、形的食品。西点的英文名称 Baking Food，意思是烘焙食品，它表明了西点熟制的主要方法是烘焙。

西点的分类，目前尚没有统一的标准，按温度可分为常温西点、冷点和热点，按口味可分为甜点和咸点，按干湿特性可分为干点、软点和湿点，按用途可分为主食、餐后甜点、茶点和节目喜庆糕点等，按传统则分为面包、蛋糕、点心三大类、每一类又可进一步细分出很多种类，这种分类方法较普通地应用于行业中。

6.2.1　面包

面包（Bread）是一种发酵的烘焙食品，它是以面粉、酵母、盐和水为基本原料，添加适量糖、油脂、乳品、鸡蛋、果料、添加剂等，经搅拌、发酵、成型、饧发、烘焙而制成的组织松软富有弹性的制品。目前，国际上尚无面包的分类标准，分类方法较多，主要的分类方法有以下几种：

1）按面包的柔软程度分类

按面包的柔软程度可分为软面包和硬面包。

①软式面包。配方中使用较多的糖、油脂、鸡蛋、水等柔性原料，糖、油脂用量都为4%以上，组织松软，结构细腻。

②硬式面包。配方中使用小麦粉、酵母、水、盐为基本原料，糖、油脂用量少于4%，表皮硬脆，有裂纹，内部组织柔软，咀嚼性强，麦香味浓郁。

2）按面包内外质地分类

按面包内外质地可分为软质面包、硬质面包、脆皮面包和松质面包。

①软质面包。具有组织松软而富有弹性，体积膨大，口感柔软等特点。

②硬质面包。其特点是组织紧密，有弹性，经久耐嚼。面包的含水量较少，保质期较长。

③脆皮面包。具有表皮脆而易折断，内质较松软的特征。原料配方较简单，主要有面粉、食盐、酵母和水。在烘焙过程中，需要向烤箱中喷蒸汽，使烤箱中保持一定的湿度，有利于面包体积膨胀爆裂和表面呈现光泽，以达到皮脆质软的要求。

④松质面包。松质面包又称起酥面包，是以小麦粉、酵母、糖、油脂等为原料搅拌成面团，冷藏松弛后裹入奶油，经过反复压片、折叠，利用油脂的润滑性和隔离性使面团产生清晰的层次，然后制成各种形状，经醒发、烘烤制成的口感特别酥松，层次分明，入口即化，奶香浓郁的特色面包。

3）按用途分类

按用途可分为主食面包、餐包、点心面包、快餐面包。

①主食面包。也称配餐面包，食用时往往佐以菜肴、抹酱。

②餐包。一般用于正式宴会和讲究的餐食中。

③点心面包。多指休息或早餐时当点心的面包，配方中加入较多的糖、油、鸡蛋、奶粉等高

级原辅料，也称高档面包。

④快餐面包。为适应工作和生活快节奏应运而生的一类快餐食品。

4）按成型方法分类

按成型方法可分为普通面包和花式面包。

①普通面包。指以小麦粉为主体制作的成型比较简单的面包。

②花式面包。指成型比较复杂，形状多样化的面包。

5）按用料特点分类

按用料特点可分为白面包、全麦面包、黑麦面包、杂粮面包、水果面包、奶油面包、调理面包、营养保健面包等。

6）按地域分类

按地域分类，具有代表性的有法式面包、意式面包、德式面包、俄式面包、英式面包、美式面包等。

①法式面包。以棍式面包为主，皮脆心软。

②意式面包。面包式样多，有橄榄形、棒形、半球形等。有些品种加入很多辅料，营养丰富。

③德式面包。以黑麦粉为主要原料，多采用一次发酵法，面包的酸度较大，维生素 C 的含量高于其他主食面包。

④俄式面包。以小麦面包为主，也有部分燕麦面包。形状有大圆形或梭子形等，表皮硬而脆（冷后发韧），酸度较高。

⑤英式面包。多数产品采用一次发酵法制成，发酵程度较小，典型的产品是夹肉、蛋、菜的三明治。

⑥美式面包。以长方形白面包为主，松软，弹性足。

6.2.2 蛋糕

蛋糕（Cake）是以鸡蛋、糖、油脂、面粉为主料，配以水果、奶酪、巧克力、果仁等辅料，经一系列加工制成的具有浓郁蛋香、质地松软或酥散的制品。蛋糕与其他西点的主要区别在于鸡蛋的用量多，糖和油脂的用量也较多。制作中原辅料混合的最终形式不是面团而是含水较多的浆料也称面糊、蛋糊。最后将浆料装入一点形状的模具或烤盘中，烘焙而成。

1）按蛋糕面糊性质分类

蛋糕根据面糊的性质一般分为 3 种类型，即乳沫类蛋糕、面糊类蛋糕和戚风蛋糕，它们是各类蛋糕制作和品种变化基础。

2）根据材料和做法分类

比较常见的可以分为以下几类：海绵蛋糕、戚风蛋糕、天使蛋糕、重油蛋糕、奶酪蛋糕、慕斯蛋糕。

（1）海绵蛋糕（Sponge Cake）

海绵蛋糕是一种乳沫类蛋糕（Foam Cake），因其组织结构类似多孔的海绵而得名，也称清蛋糕。海绵蛋糕一般不加油脂或仅加少量油脂。它充分利用了鸡蛋的发泡性，与油脂蛋糕和其他西点相比，具有更突出的、致密的气泡结构，质地松软而富有弹性。

因为海绵蛋糕的内部组织有很多圆洞，类似海绵一样，所以叫作海绵蛋糕。构成的主体是鸡蛋、糖搅打出来的泡沫和面粉结合而成的网状结构。

海绵蛋糕又分为全蛋海绵蛋糕和分蛋海绵蛋糕，这是按照制作方法的不同来分的，全蛋海绵蛋糕是全蛋打散后加入面粉制作而成的。分蛋海绵蛋糕在制作时，要把蛋清和蛋黄分开后分别打散再与面粉混合制作而成的。

（2）戚风蛋糕（Chiffon Cake）

戚风蛋糕比较常见的一种基础蛋糕，也是现在很受西点烘焙爱好者喜欢的一种蛋糕。生日蛋糕一般就是用戚风蛋糕来做底，所以说戚风蛋糕算是一个比较基础的蛋糕。戚风蛋糕的做法很像分蛋的海绵蛋糕，其不同之处就是材料的比例，还可以加入发粉和塔塔粉，因此蛋糕的组织非常松软。

（3）天使蛋糕（Angel Cake）

天使蛋糕是一种乳沫类蛋糕，就是蛋液经过搅打后产生的松软的泡沫。不同的是，天使蛋糕中不加入一滴油脂，连鸡蛋中含有油脂的蛋黄也去掉，只用蛋清来做这个蛋糕，因此做好的蛋糕颜色清爽雪白，故称为天使蛋糕。

（4）重油蛋糕（Pound Cake）

重油蛋糕也称磅蛋糕，是用大量的黄油经过搅打再加入鸡蛋和面粉制成的一种面糊类蛋糕。

因为不像上述几种蛋糕一样是通过打发的蛋液来增加蛋糕组织的松软，所以重油蛋糕在口感上会比上面几类蛋糕来得实一些，但因为加入了大量的黄油，所以口味非常香醇。比较常见的是在面糊中加入一些水果或果脯，这样可以减轻蛋糕的油腻味。

（5）奶酪蛋糕（Cheese Cake）

奶酪蛋糕也称芝士蛋糕，是现在比较受大家喜欢的一种蛋糕。奶酪蛋糕是指加入了多量的乳酪做成的蛋糕，一般奶酪蛋糕中加入的都是奶油奶酪（Cream Cheese）。奶酪蛋糕又分为重奶酪蛋糕、轻奶酪蛋糕和冻奶酪蛋糕：

①重奶酪蛋糕。奶酪的分量加得比较多，一般来说，1个8寸的奶酪蛋糕，奶油奶酪的分量应该不少于250克。因为奶酪的分量比较多，所以重奶酪蛋糕的口味比较实，奶酪味很重，所以在制作时多会加入一些果酱来增加口味。

②轻奶酪蛋糕。轻奶酪蛋糕在制作时奶油奶酪加得比较少，同时还会用打发的蛋清来增加蛋糕的松软度，粉类也会加得很少，所以轻奶酪蛋糕吃起来的口感会非常绵软，入口即化。

③冻奶酪蛋糕。一种免烤蛋糕，会在奶酪蛋糕中加入明胶之类的凝固剂，然后放

冰箱冷藏至蛋糕凝固，因为不经过烘烤，所以不会加入粉类材料。

（6）慕斯蛋糕（Mousse Cake）

慕斯蛋糕是一种免烤蛋糕，是由打发的鲜奶油、一些水果果泥和胶类凝固剂冷藏制成的蛋糕，一般会以戚风蛋糕片做底。

6.2.3　点心

点心类是以黄油或白油、绵白糖、鸡蛋、富强粉为主料和一些其他辅料（如果料、香料、可可等）制成的一类形状小、式样多、口味酥脆香甜的西点，如猫耳朵、沙式饼干、杜梅酥、挤花等。

6.3　妙趣横生的名点故事

【学习目标】

1.了解比萨、蛋挞等西点的由来及故事传说，丰富饮食文化知识。

2.能用生动的语言讲述名点故事，提高口语表达能力。

3.能自制一款西点，并为推广你的作品配上一段解说词。

【导学参考】

1.学习形式：召开故事会，学生借助收集的相关资料和图片来讲述故事，或创办电子报、手抄报介绍西式点心。

2.研讨任务：

①认识花样繁多的西式点心。

②讲述与西式点心相关的趣闻传说。

③组织一次成果展示会，展示同学们自己制作的西式点心。

④制作一份有关名点故事的手抄报。

目前，市场上西饼屋、蛋糕房如雨后春笋般出现，精美的装饰，美味的糕点，令人目不暇接，垂涎欲滴。西点业正在向品牌化方向发展，顾客们购买糕点开始选择知名连锁饼屋，给糕点市场上很多不知名的糕点店带来了巨大压力，同时，也给西点行业提出了更高的要求。西点市场的迅速发展，必然会促使烘焙企业加强西点品种的创新，这将出现大量的西点品种。这就要求西点师具有精湛的专业技术、扎实的设计知识和高雅的设计品位、丰富的想象能力，创作形式多样的新作品。同时，西点师已经不仅是一个体力劳动者，更是一个脑力劳动者，一个艺术家，一个能够引经据典的西点故事大王。

6.3.1　比萨饼

　　比萨饼诞生于 1600 年意大利的那不勒斯。传说，当地有一位母亲，因家里贫困，就只有一点点面粉了，正在发愁之际，好心的邻居们拿来了西红柿和奶酪。这位母亲于是将面粉和成面团烙成饼，又将西红柿切碎放在上面，然后把奶酪弄碎撒上，最后放在火上烤，这就成了香喷喷的比萨饼。Pizza 是意大利语，意思为"饼"。"比萨"是一种由特殊的饼底、乳酪、酱汁和馅料做成的具有意大利风味的食品，但其实这种食品已经超越语言与文化的壁障，成为全球通行的美食，受到各国消费者的喜爱。但这种美食究竟源于何时何地，现在无从考究。如今，面对每天由遍及全球的"比萨专家"——必胜客餐厅里烤制的几百万个比萨，大家都自然地认为这是 400 年前意大利那不勒斯的面包师傅首创的。

　　作为意大利的美食，这个传说固然可信，可是，还有一个更加离奇的传说呢：比萨饼来自中国！当年意大利著名旅行家马可·波罗在中国旅行时最喜欢吃一种北方流行的葱油馅饼。回到意大利后，他非常想念这种馅饼。一天，他同朋友们在家中聚会，其中一位是来自那不勒斯的厨师拉费勒·埃斯波西托，马可·波罗就向他介绍了中国葱油馅饼的做法。那位厨师兴致勃勃地按马可·波罗所描绘的方法制作起来。但忙了半天，仍无法将馅儿放入面团中。大家这时已饥肠辘辘。于是马可·波罗提议将馅料放在面饼上吃。不料，大家都说好吃。这位厨师回到那不勒斯后，对烤饼进行改良，并配上那不勒斯的乳酪和作料，改良后的烤饼一经推出，大受欢迎，从此比萨饼就在意大利流传开了。那不勒斯的第一家比萨饼店自 1830 年开业以来，至今仍然在营业，它的名字是 Port'Alba。

　　据统计，意大利总共有两万多家比萨店，其中那不勒斯地区就有 1 200 家。大多数那不勒斯人每周至少吃一个比萨，有些人几乎每天午餐和晚餐都吃。食客无论贫富，都习惯将比萨折起来，拿在手上吃。这便成为现在鉴定比萨手工优劣的依据之一。比萨必须软硬适中，即使将其如"皮夹似的"折叠起来，外层也不会破裂。

　　目前，全球最为著名的比萨专卖连锁企业是 1958 年创办于美国堪萨斯州的必胜客。"红屋顶"是必胜客外观的显著标志。在遍布世界各地 90 多个国家和地区，必胜客拥有 12 300 多个分店，包括在中国的近 40 家分店，每天接待超过 400 万顾客，烤制 170 多万个比萨。

　　据了解，上等的比萨必须具备 4 个特质：新鲜饼皮、上等芝士、顶级比萨酱和新鲜的馅料。饼底一定要每天现做，面粉一般用春、冬两季的甲级小麦研磨而成，这样做成的饼底才会外层香脆、内层松软。纯正乳酪是比萨的灵魂，正宗的比萨一般都选用富含蛋白质、维生素、矿物质和钙质及低卡路里的莫扎里拉芝士。

　　制作过程：先将称量好的面粉加上自家绝密的配料和匀，在底盆上油，铺上一层由鲜美番茄混合纯天然香料秘制成的风味浓郁的比萨酱料，再撒上柔软的 100%甲级莫扎里拉芝士，放上海鲜、意式香肠、加拿大腌肉、火腿、五香肉粒、蘑菇、青椒、菠萝等经过精心挑选的新鲜馅料，最后放进烤炉在 260 ℃下烘烤 5~7 分钟。好了，一个美味的比萨出炉了，值得注意的一条是：出炉即食，风味最佳。比萨按大小一般分为 3 种尺寸：6 寸（切成 4 块），9 寸（切成 6 块），12 寸（切成 8 块）。按厚度分为厚、薄两种。

比萨之所以被人们喜欢，是因为它除了本身美味可口外，还配有其他小食点缀。例如"必胜客"的比萨就配有奶香浓郁的鸡蓉蘑菇汤、风情香鸡翅、各式烤馅饺、油炸小薯条、自助沙拉等。

比萨饼的营养价值：首先，比萨面饼富含人体所需的碳水化合物和植物纤维。其次，番茄酱含有大量的维生素 C。最后，奶酪是鲜奶的浓缩精华，含钙量高，钙质容易被吸收，同学们不妨多吃一些。

健康小贴士：比萨饼毕竟是高热量的食品，不可天天食用。

6.3.2 三明治

我们在快餐店里吃到的三明治是怎么出现的呢？三明治是好多人喜爱的一种理想餐点，不仅营养丰富，而且吃起来还很可口，越吃越爱吃，三明治夹着好多营养的食材，因此，吃起来口感很独特。三明治的来历是怎样的呢？三明治在快餐店里这样地受欢迎，为了清楚三明治的影响力度，我们接下来了解一下三明治的传说故事吧。

关于三明治的故事，得追溯到 1762 年的英国。三明治（Sandwich）原是英国一个地名，这个地方有一位伯爵名叫约翰·蒙泰格（John Montague），是个恶名昭彰的赌徒，终日流连在牌桌上。有一天，他已经马拉松式地在伦敦的一家俱乐部里赌了一天一夜，饭也没时间吃。虽然肚子饿，可是嗜赌如命的他，手气正好，当然舍不得离开牌桌去吃饭。由于这家俱乐部也是个牛排馆，于是他差人送来一些烤肉和乳酪，并且要用两片面包夹着，如此他才能用一只手拿着吃，另一只手还可以握牌，又不会把牌弄脏。三明治伯爵四世的这个点子很快就流传开来，大家纷纷要求吃"跟三明治一样的东西"，三明治这种食物因此而诞生。

三明治基本上都是用两片面包，中间夹了火腿、乳酪、蔬菜等，是快速、营养又方便的食物。它不需要经过繁复切洗烹煮的料理过程，是忙碌的现代人最容易打发一餐的方式。其实，当初发明三明治的人，的确也是个大忙人，不过他不是忙于工作，而是忙于赌博。

到了 1827 年，经由伊丽莎白·莱斯礼（Elizabeth Leslie）所写的食谱，将三明治介绍到美国，也因此改变了美国人的饮食习惯。现在无论到任何一个美国的超级市场，都会有一个专柜，专门卖用来夹三明治的切片火腿、火鸡肉、烤牛肉、乳酪等的肉类和乳类制品（Dairy）。甚至美国的冰箱，也都有一个专门存放这些食品的抽屉。没有时间做饭时，就花一两分钟做个三明治当午餐。父母都忙着上班的小朋友们，自己也可以很轻松地做个三明治充饥。

三明治的始祖虽然是个赌徒，不过他的后代三明治伯爵十一世，却很有做生意的野心，后来跟好莱坞星球餐厅的创始人罗勃·厄尔（Robert Earl，多巧，他的姓正好也是英文"伯爵"的意思）合作，在佛罗里达迪士尼世界开了第一家"伯爵三明治（Earl of Sandwich）"餐厅，并且正准备扩展成全国连锁速食餐厅。

在伯爵三明治餐厅里，承袭了伯爵四世当初自创三明治的概念——现点现做，客人们可以选择自己喜欢的面包，然后由厨师们现做里面的夹馅，热腾腾的烤牛肉、融化到面包里的切达（Cheddar）乳酪，或是冒着香气的苹果烟熏培根，让三明治不再只是刚从冰箱里拿出来的冷食，让再忙碌的人们都可以享受到有质有料的美味。

6.3.3 蛋挞

蛋挞是欧洲传来的食品，起源于英国，英国人称之为"Custard Tart"。蛋挞一直是欧洲普遍的家庭甜品之一，Custard 是鸡蛋、奶和糖混合制成的软冻，我们称之为"蛋"，意指馅料外露的馅饼（相对表面被饼皮覆盖馅料密封之批/派馅饼 Pie），蛋挞即以蛋浆为馅料的"Tart"。其做法是把饼皮放进小圆盘状的饼模中，倒入由砂糖及鸡蛋混合而成的蛋浆，然后放入烤炉。烤出的蛋挞外层为松脆的挞皮，内层则为香甜的黄色凝固蛋浆。

1399 年英格兰国王亨利四世的一次宴会便有食用蛋挞的记载。直到现在，蛋挞仍可在英国见到。据说在 1837 年，一群修女在一次政治斗争中成了无辜的牺牲品，被赶出修道院，为了生存下去，不得已开了家小店，把修道院中还不太成熟的一种甜点作为主要产品，结果意外地"一炮打响"，且流传至今……当时因为店位于里斯本的贝伦区（Belém）而称为贝伦蛋挞。英国人安德鲁（Andrew Stow）在葡萄牙吃到这种传统点心后，决定在食谱中加进自己的创意，并于 1989 年离开了原来工作的五星级酒店，和妻子玛嘉烈在澳门路环岛开了一家蛋挞面包店，出售欧陆风味的蛋挞和面包，其中就包括葡式蛋挞。安德鲁改用了英式奶黄馅并减少了糖的用量，这种风味颇具特色的葡式小吃也被越来越多的澳门人所接受，一传十，十传百，香港游客也知道有葡挞，安德鲁和玛嘉烈的生意越做越大，店由 1 间开至 3 间，俨然成为澳门的葡挞专门店。然而，葡挞能扬名达至巅峰，也实在拜安德鲁和妻子的婚变所赐。1996 年，安德鲁和妻子玛嘉烈婚姻破裂。玛嘉烈离开安德鲁另起炉灶，把原先属于自己名下的店改名"玛嘉烈"。由于质量有保证，经营得法，玛嘉烈尝试走出澳门，在香港和台湾与当地投资者合作开设分店。1997 年，玛嘉烈的香港店开业，早已在澳门尝过其味的香港人很快就为她铺开了市场，她曾经破纪录地试过一天出售近万个葡挞，又以有市民排长龙轮候而名噪一时。聪明的香港人觑准了这个可以发财的时机，各式各样的葡挞店如雨后春笋，一时间也分不清谁真谁假了。直至 1998 年，玛嘉烈向美式连锁快餐店 KFC 出售秘方，香港的葡挞热达至白热化，也创下了澳门土产在外地打开市场，并以特许模式经营的纪录。这股旋风随着玛嘉烈在台湾店铺开业而带进台湾。在台湾的这股旋风比香港有过之而无不及，甚至令台湾的鸡蛋价格在短短 1 个月内上涨了 1 倍，以致当地官员要出面呼吁民众少吃葡挞以稳定蛋价。而 KFC 更将这股蛋挞的流行风潮带进整个中国，使其深受年轻时尚的人们，还有儿童及家长们的喜爱，现在各大中型城市都有自己的蛋挞专卖店，更有各种口味以供选择。

据说在 20 世纪 40 年代时，有些餐厅推出西式早餐（奶茶、蛋挞），用来打破广东人饮茶、吃点心的习惯。美食家蔡澜表示，当年的蛋挞比现在的大两倍以上，一大个蛋挞加杯奶茶，是 20 世纪五六十年代劳苦大众至爱的东西。经济开始起飞，便出现了迷你蛋挞。后期香港有钱人越来越多，蛋挞上还会加上燕窝、鲍鱼等配料，但后因经济不景气，这些蛋挞又不见了。原来蛋挞也可以反映经济环境呢。

蛋挞皮有两种：一种是酥皮，英文叫 Puff Pastry，是一种一咬下去面渣四溅的蛋挞皮；另外一种便是牛油皮，英文叫 Shortcrust Pastry，要加很多黄油，因此有一种曲奇的味道。一开始在香港只有酥皮，后来泰昌饼店（一家香港很有名的蛋挞店）用曲奇面团做蛋挞皮，取得成功。现在香港做蛋挞做得好的，一家就是泰昌饼店，一家是檀岛饼店。泰昌主要做牛油皮，而檀岛主要做酥皮。香港最后一任总督彭定康（Chris Patten）特别青睐泰昌蛋挞，所以泰昌蛋挞又被称作肥彭蛋挞。檀岛蛋挞皮有水皮和油皮之分：水皮以鸡蛋为主，油皮则以牛油和猪油为主，蛋挞皮用两层水皮包一层油皮呈一块三明治，这样烘焙起来更有层次。水皮油皮是香港人发明的。香港人做蛋挞还有另外一个特点是只用中国蛋不用美国蛋，他们认为美国蛋的蛋味没有中国蛋的蛋味浓。

目前市场上常见的蛋挞用的是英国人的做法，比较简单一点，没有香港人的水皮、油皮那么复杂。把猪油、黄油和糖揉到面粉里头，加点水，揉成面团，擀成薄皮，切成圆形，放到一个一个模具里，调好蛋汁（糖牛奶和鸡蛋），灌入模具里，放入烤箱里，230 ℃烤 25 分钟就好了。

根据蛋挞汁的不同由此衍生出来的小吃，还有鲜奶挞、椰挞、姜汁蛋挞、肉松蛋挞、水果蛋挞和蛋白蛋挞等。

6.3.4　汉堡

汉堡，也称汉堡包，被称为西方五大快餐之一。汉堡包一词为英语 Hamburger 的中文名，同时含有音译及意译的元素在内，有时也直接称为汉堡。汉堡包原名来自德国的城市汉堡市（Hamburg）。在英语中，Hamburger 就是指"来自汉堡的"，可以是指汉堡包本身，或是包里面由牛绞肉或其他夹有牛绞肉做成的肉饼。这一种肉饼，现时在汉语普遍称之为汉堡排，而汉堡包则用来专指夹了汉堡排的圆包三明治。

原始的汉堡包是剁碎的牛肉末和面做成的肉饼，故称牛肉饼。古代鞑靼人有生吃牛肉的习惯，随着鞑靼人的西迁，先传入巴尔干半岛，而后传到德意志，逐渐改生食为熟食。德国汉堡地区的人将其加以改进，将剁碎的牛肉泥揉在面粉中，摊成饼煎烤来吃，遂以地名而称为"汉堡肉饼"。1850 年，德国移民将汉堡肉饼烹制技艺带到美国。1932 年有人将这种油炸牛肉饼夹入表面撒有芝麻的小圆面包中作为主食或点心食用，后来花样翻新，逐渐与三明治合流，将牛肉饼夹在一剖为二的小面包当中，所以得名汉堡包，意为有汉堡牛肉饼的面包。

今日的汉堡是德国最为繁忙的港口之一。19 世纪中叶，居住在那里的人们喜欢把牛排捣碎成一定形状，这种吃法可能被当时的大量德国移民传到了美洲。1836 年，一道以"汉堡牛排"（Hamburg Steak）命名的菜出现在美国人的菜单上。从一本 1902 年的烹饪手册中我们可以看出，当时 Hamburg Steak 的做法与今天的概念已经很接近了，就是用碎牛肉、洋葱和胡椒粉拌在一起。到了 20 世纪晚期，美国人对 Hamburg Steak 的做法进行了改良，然后把它送进了快餐店，这就是今天招人喜爱的 Hamburger 的起源。

Hamburger 除了表示"汉堡包"，还有"碎牛肉""牛肉饼"的意思，可见汉堡包里多半是夹牛肉。不过后来"猪柳""鱼香""鸡肉"等类型的汉堡包又陆续推出，可见光靠牛肉是没法"一招鲜吃遍天"了。

值得一提的是，因为 Hamburger 是一种捣得稀烂的牛肉饼，所以人们也用它来比喻"被打得遍体鳞伤的拳击手"，美国俚语里就有 make hamburger out of sb. 的说法，表示"痛打某人，把某人打成肉饼"。

20 世纪 80 年代，随着美国的连锁速食店麦当劳在亚洲地区的推广，中文的汉堡包一词已经演化成为所有带有小圆面包做成的三明治的代称。

亚洲地区的汉堡包的做法和材料因不同的地区而异：一般一定会有切开的小圆面包，中间夹着各式各样的食材和酱料，除了最典型的牛绞肉肉饼、生菜、番茄片、洋葱和渍黄瓜之外，还有凤梨（菠萝）、猪绞肉肉饼、海鲜等不同的选择。另外，汉堡包在亚洲以外的地区仍然是餐厅内标准的食谱之一。有不少亚洲人因为习惯了只在快餐店才可以吃到汉堡包，对在餐厅内花 10 美元来买一客汉堡包的行为会感到奇怪，因为他们会觉得不值得，但西方人则把它视作一般的菜色看待。

近年来，除夹传统的牛肉饼外，还在圆面包的第二层中涂以黄油、芥末、番茄酱、沙拉酱等，再夹入番茄片、洋葱、蔬菜、酸黄瓜等食物，就可以同时吃到主副食。这种食物食用方便，风味可口，营养全面，现在已经成为畅销世界的方便主食之一。但据许多了解国外食品行业的人士介绍，西方国家的汉堡食品主要有两种形式：一种是像麦当劳、肯德基式的快餐连锁店售卖的现做现卖的热汉堡；另一种是冷冻的汉堡包，在食品店的冷冻柜中销售，由顾客买回家用微波炉加热后食用。我们现在在超市、连锁店或小售货亭中所买到的带包装的汉堡包，可以说是一种中国特色的汉堡食品。

6.3.5　泡芙

有人说："因为奶油和蛋糕走进了婚礼的殿堂，所以有了奶油蛋糕。而深爱着奶油的面包只能把爱埋在心里，变成了一只泡芙，当你咬下第一口，你就会爱上它。"据说奥地利的哈布斯王朝和法国的波旁王朝因长期争夺欧洲主导权战得精疲力竭，后来为避免邻国渔翁得利，双方达成政治联姻的协议。于是奥地利公主与法国皇太子就在凡尔赛宫内举行婚宴，为长期的战争画下休止符。泡芙就是这场两国盛宴的压轴甜点。从此，泡芙在法国成为象征吉庆美好的甜点，在节庆典礼场合，如婴儿诞生或新人结婚时，都习惯将泡芙粘焦糖后堆成塔状庆祝，称作泡芙塔，象征喜庆与祝贺之意。

在法国北部的一个大农场里，农场主的女儿看上了替主人放牧的小伙子，但是很快，他们甜蜜的爱情被父亲发现，并责令把小伙子赶出农场，永远不得和女孩见面。女孩苦苦哀求，最后，农场主出了个题目，要他们把"牛奶装到蛋里面"，如果他们在 3 天内做到，就允许他们在一起，否则，小伙子将被发配到很远很远的法国南部。聪明的小伙子和姑娘在糕点房里做出了一种大家都没见过的点心——外面和鸡蛋壳一样酥脆，并且有着鸡蛋的色泽，里面的馅料是结了冻的牛奶。独特的点心赢得了农场主的认可，后来女孩和小伙子成为甜蜜的夫妻。因小伙子名字的第一个发音是"鲍"，姑娘名字的最后一个发音是"芙"，因此，他们发明的小点心就被取名为"泡芙"（Puff）。

6.3.6　巧克力

1519 年，以西班牙著名探险家科尔特斯为首的探险队进入墨西哥腹地。旅途艰辛，队伍历经千辛万苦，到达了一个高原。队员们个个累得腰酸背疼、筋疲力尽，一个个横七竖八地躺在地上，不想动弹。科尔特斯很着急，前方的路还很长，队员们都累成这样了，这可怎么办呢？

正在这时，从山下走来一队印第安人。友善的印第安人见科尔特斯他们一个个无精打采，立刻打开行囊，从中取出几粒可可豆，将其碾成粉末状，然后加水煮沸，之后又在沸腾的可可水中放入树汁和胡椒粉，顿时一股浓郁

的芳香在空中弥漫开来。

印第安人把那黑乎乎的水端给科尔特斯他们。科尔特斯尝了一口："哎呀，又苦又辣，真难喝！"但是，考虑到要尊重印第安人的礼节，科尔特斯和队员们还是勉强喝了两口。

后来，有位名叫拉思科的人在煮饮料时突发奇想：调制这种饮料，每次都要煮，非常麻烦。要是能将它做成固体食品，吃的时候取一小块，用水一冲就能吃，或者直接放入嘴里就能吃，那该多好啊！

于是，拉思科开始了反复的试验。最终，他采用浓缩、烘干等办法，成功地生产出了固体状的可可饮料。由于可可饮料是从墨西哥传来的，在墨西哥土语里，它叫"巧克拉托鲁"，因此，拉思科将他的固体状可可饮料称作"巧克力特"。

拉思科发明的巧克力特，是巧克力的第一代。

西班牙人是很会保密的。他们严格保密可可饮料的配方，对巧克力特的配方也守口如瓶。直到1763年，一位英国商人才成功地获得了配方，将巧克力特引进英国。英国生产商根据本国人的口味，在原料里增加了牛奶和奶酪，于是，"奶油巧克力"诞生了。

6.3.7　布丁

布丁是一种英国的传统食品。它是从古代用来表示掺有血的香肠的"布段"所演变而来的。今天以蛋、面粉、牛奶、水果等为材料制造而成的布丁，是由当时的撒克逊人传授下来的。中世纪的修道院，则把"水果和燕麦粥的混合物"称为"布丁"。这种布丁的正式出现，是在16世纪伊丽莎白一世时代，它与肉汁、果汁、水果干及面粉一起调配制造。17世纪和18世纪的布丁是用蛋、牛奶以及面粉为材料来制作。布丁有很多种，如鸡蛋布丁、杧果布丁、鲜奶布丁、巧克力布丁、草莓布丁等。布丁不仅看上去美味，吃起来口感更好，布丁也是果冻的一种。

6.3.8　曲奇

曲奇是英语"Cookie"的音译，原意是"小糕饼"。

曲奇是一种高蛋白、高油脂的点心式饼干。相传德国一位面包师恋上一位美丽的姑娘，她的名字叫Koekje。经打听，面包师得知她喜欢吃酥脆可口的饼干。面包师为了打动她，夜以继日地研究酥脆的饼干。他终于努力研究出一款入口酥脆的饼干。面包师知道她最爱玫瑰花，于是在饼干内加入了清香可口的玫瑰花。最后，面包师将对她的爱慕之意写在一张纸条上一同送给那位姑娘，姑娘收到曲奇后被深深地打动了。后来他们幸福地生活在一起。

后来人们将这种饼干取名为"Koekje"（英文为"Cookie"）。

在饼干类食品中，丹麦蓝罐曲奇可谓大名鼎鼎，它始于 1933 年，至今一直沿用新鲜牛油及加仑子等天然原料烘制，成品色泽金黄，口感香醇，有一股香浓的奶油香味，再配上款款不同的造型，使得每片曲奇都宛若一件小巧的艺术品，让人爱不释手。

6 款曲奇，6 种心情——让你回忆美好的时光。

这 6 款曲奇分别代表了"妻子的柔情""初恋的回忆""婚礼的激动""孩子的笑容""甜蜜的一家"和"热闹的新年"，将人生中最值得回忆的几个镜头：恋爱到结婚，从两个人到三口之家的种种美好回忆做了一次美好的阐述。其中：

格子曲奇饼干代表"妻子的柔情"，是爱德华·埃尔加创作《爱的礼赞》的灵感来源。格子曲奇所带给你的是妻子的温柔、细腻，让你感到一切都没有困难。因为有了妻子的支持，一切都有足够的力量支持下去，继续努力，继续奋斗。

巧克力曲奇饼干代表"初恋的回忆"。初恋是充满甜与苦的，巧克力曲奇所代表的初恋，甜蜜中有一点点苦味，而苦味过后，会有更多的甜蜜。虽然过程中有一点点微微的苦味，但每当回味，总会令你扬起微微的甜蜜的笑。

牛油花曲奇饼干代表"婚礼的激动"。婚礼是人一生中的大事，华丽隆重的婚礼更是众多女孩梦寐以求的。牛油花曲奇采用传统、华丽的设计，让你感觉情人之间必定能相爱一生，过着童话般的幸福生活。

巧克力提子曲奇代表"孩子的笑容"。孩子，现在已成为许多家庭的重心，而他们的欢乐总能令人会心一笑。巧克力与提子微微的甜味，就像看到孩子们一张张的笑脸一样，衷心地露出笑脸。

牛油曲奇饼干代表"甜蜜的一家"。一家人中总是平凡中带着甜蜜、带着幸福。而平凡的牛油曲奇所带来的，正是平凡的甜蜜、平凡的幸福，让你品尝感受平凡的滋味。

加仑子曲奇饼干代表"热闹的新年"。新年，总是充满欢声笑语。微微的清香，加上浓浓的甜蜜，让你充分感受到过年的欢乐，以及与家人共聚的天伦之乐。

曲奇饼干是一种高糖、高油脂的食品。随着人们生活水平的提高，高脂肪高油食品摄入过多，而膳食纤维的摄入量日渐减少，而与饮食结构有关的"文明病"的发病率日渐提高，因此开发膳食纤维在曲奇饼干中的应用，具有积极的意义。

6.3.9　提拉米苏

关于提拉米苏的由来，流传过许许多多不同的故事，比较温馨的说法如下：第二次世界大战时期，一个意大利士兵即将开赴战场，可是家里已经什么也没有了，爱他的妻子为了给他准备干粮，把家里所有能吃的饼干、面包全做进了一种糕点里，那种糕点就叫提拉米苏。每当这个士兵在战场上吃到提拉米苏就会想起他的家，想起家中心爱的人……提拉米苏（Tiramisu），在意大利语里有"带我走"的含义，带走的不只是美味，还有爱和幸福。一层浸透了咖啡与酒，质感和海绵蛋糕有点像的手指饼干，一层混合了芝士、蛋、鲜奶油和糖的芝士糊，层层叠上去，上面再撒一层薄薄的可可粉……这就是提拉米苏。

其他版本则比较有趣，一说是起源于意大利西部塔斯康尼省的席耶纳，19世纪的梅狄契公爵造访席耶纳，迷上当地一种糊状甜点，居民就为这种甜点取名为"公爵的甜羹"（Zuppa del Duca），以兹纪念。随后，意大利公爵又把甜点引进北部佛罗伦萨，顿时成为驻在当地的英国知识分子的最爱，人们又改称这种甜点为"英国佬的甜羹"，并带回英国，与意大利同步流行。席耶纳的甜点也传进意大利东北部大城崔维索和威尼斯。如今，这两座城市就以河渠、壁画和提拉米苏最出名，但"公爵的甜羹"如何演变成 Tiramisu，则出现解释上的断层。

6.3.10 吉士蛋糕

Cheese Cake 吉士蛋糕，或起司蛋糕、芝士蛋糕，是西方甜点的一种。有着柔软的上层，混合了特殊的吉士，如 Ricotta Cheese，或是 Cream Cheese，再加上糖和其他的配料，如鸡蛋、奶油和水果等。吉士蛋糕通常都以饼干作为底层，有固定的几种口味，如香草吉士蛋糕、巧克力吉士蛋糕等，至于表层的装饰，常常是草莓或蓝莓。有时吉士蛋糕看起来不太像一般蛋糕，反而比较像派的一种。

吉士蛋糕起源于古希腊，在公元前776年，为了供雅典奥运会运动员食用做出来的甜点。接着由罗马人将吉士蛋糕从希腊传播到整个欧洲，在19世纪跟着移民们，又传到了美洲。

6.3.11 黑森林蛋糕

黑森林蛋糕（Schwarzwaelder Kirschtorte）翻译成"黑森林樱桃奶油蛋糕"比较恰当，因为德文全名里的 Schwarzwaelder 即为黑森林，而 Kirschtorte 也就是樱桃奶油蛋糕的意思。黑森林其实是一种"没有巧克力的樱桃奶油蛋糕"。

相传很早以前，每当黑森林区的樱桃丰收时，农妇们除了将过剩的樱桃制成果酱外，在做蛋糕时，也会非常大方地将樱桃塞在蛋糕的夹层里，或是细心地装饰在蛋糕上。而在打制蛋糕的鲜奶油时，更会加入不少樱桃汁。而这种以樱桃与鲜奶油为主的蛋糕，从黑森林传到外地后，也就变成所谓的"黑森林蛋糕"了！

虽然目前德国大部分糕饼师傅在制作黑森林

蛋糕时，也会使用不少巧克力，不过黑森林蛋糕真正的主角，还是那鲜美丰富的樱桃。以前德国曾出现消费者因某家黑森林蛋糕的樱桃含量太少而提出控告的案例。因此，德国政府对这种国宝级黑森林蛋糕作了相关的规定，比如黑森林蛋糕的鲜奶油部分，至少得含有 80 克的樱桃汁才行。

所以黑森林真的不是代表黑黑的意思。而黑森林蛋糕，更不是巧克力蛋糕的代名词。黑森林是位于德国西南的一个山区，从巴登 - 巴登往南一直到佛来堡一带，都属黑森林区。今天即使来到黑森林，并不见得到处都能幸运地尝到没有巧克力的黑森林蛋糕，不过有机会在此地享受黑森林时，不妨细心留意蛋糕里的小樱桃，让自己重新认识黑森林外，别忘了也感受一下那份藏于味蕾深处的新鲜感吧！

6.3.12　舒芙蕾

关于舒芙蕾（Souffle）的由来，众说纷纭，有人认为它是 19 世纪的产物，有人却考证说在中世纪的欧洲，就已经有了这道美食的原型。

据说，舒芙蕾的来源，与当时欧洲社会奢侈糜烂、贪得无厌的风气息息相关。由于社会日渐富裕，民风也趋于崇尚享乐，人们花在吃喝上的时间比花在工作上的时间多好几倍，时常举行奢华的宴会，动辄制作几十道菜，多得吃不完。宴会结束后，一整个下午，打饱嗝的声音此起彼伏。这种“下午打嗝”的社会现象维持了半个世纪之久，终于有人看不过去了。于是，为了纠正这种腐败的饮食风气，有厨师利用无色无味又无重的蛋白，制造出这种名为“舒芙蕾”的美食，寓意“过度膨胀的虚无物质主义，最终难逃坍塌的命运”。

无论做舒芙蕾或是吃舒芙蕾，都不能错过它的“致命时限”——也就是蛋白维持膨胀状态的时限。

如何让舒芙蕾在送抵客人面前时仍然维持优雅蓬松的原貌，是对厨师们手艺的一大考验。因此，在制作这道点心时，绝对不容许有任何疏忽，否则便难逃坍陷的命运。在巴黎有一家专门做舒芙蕾的主题餐厅——Le Souffle，为了保证百分之百的成功率，严格规定每一位主厨专司一种口味的舒芙蕾的制作，简直把这道美味的点心当掌上明珠般呵护。

作为食客呢，待舒芙蕾一上桌，便应抓紧时间，拿起勺子，赶在它浓浓的香味散尽、高高的“礼帽”坍陷之前把它吃光。

因为，舒芙蕾“好比被父母抛弃的街头流浪儿，敏感、脆弱、防卫心强，如果稍有不慎，便使辛苦建立起的成果付之东流……”

稍纵即逝的快乐——谁也错过不起啊！

到底舒芙蕾是怎样做成的呢？简单说来，有以下 3 个基本步骤：

①将适量的蛋黄、白砂糖和低筋面粉搅拌均匀成蛋糊状，并倒入加热到 80 ℃的

鲜奶，一边搅一边煮至浓稠状态。

②将蛋白和白砂糖一块用力打发，打至蛋白呈白色坚挺的泡沫，装入内围已涂上黄奶油和少许砂糖的烤盅内。而在打发蛋白期间，还可根据喜好加入各种不同材料，将舒芙里做成咸甜各异的味道。

③将烤盅放进烤箱，以180 ℃的温度隔水烘烤20分钟，其间蛋白不断膨胀升高，甚至高出烤盅面约10厘米，至蛋糕表面烤成金黄色，便可取出。

法国的美食"圣经"里这样形容舒芙蕾：

不知是谁发明了这么一道具有警世意义的美味：它的做法如此繁复，它的味道却如此虚无，像灯火阑珊处的寂寞、繁华落尽后的空虚。

并不是所有的法国厨师都敢做舒芙蕾的，因为稍有闪失，便一败涂地，也并不是每个食客都懂得吃舒芙蕾的，因为稍慢一步，便错过了它的美味。

只可惜啊！这口腹之欲的满足却稍纵即逝，最后总觉空洞。

6.3.13　马卡龙

马卡龙，又称作玛卡龙、法式小圆饼（彩图9）。这是一种用蛋白、杏仁粉、白砂糖和糖霜所做的法式甜点，通常在两块饼干之间夹有水果酱或奶油等内馅。它的由来可追溯至19世纪的杏仁小圆饼。这种甜食出炉后，以一个圆形平底的壳作基础，上面涂上调合蛋白，最后加上一个半球状的上壳，形成一个圆形小巧甜点，呈现出丰富的口感，是法国西部维埃纳省最具地方特色的美食，这种点心也在法国东北地区偶尔可见。

"Macaron"是法语发音，因使用英语发音，较接近于"马卡龙"，但这已脱离了法语发音方式，实际上的法语发音较接近"马卡红"。

关于马卡龙的起源有几种说法，据说这种表层酥脆、内里松软的小饼干，最早起源于中世纪的意大利，后来因为海上贸易的繁荣，传到了法国。也有说它是在16世纪时由玛利王后从意大利引进法国的，取名为"少女的酥胸"，用来形容它吹弹可破的美丽外表和令人沉醉的口感，并很快在法国风靡了起来。还有一种说法是，17世纪著名的糕点师傅Adam，亲自制作献给路易十四的结婚甜点……总之，如今这种小圆饼，虽然外观各异或扁平或圆滚滚或光滑细腻如珠宝，但它们共同的特点仍然不变：外脆内酥口感湿润，清新甜美齿颊留香。

马卡龙之所以令人着迷，是当你咬下去的瞬间，那绝妙的层次感，立即就会有被征服的感觉，是惊艳？又说不清，当你若有所思地考虑这个问题的时候，已经被它薄而酥脆的外壳、绵密柔软的滋味彻底俘获了。马卡龙种类繁多口味各异，有缤纷卡龙种、玫瑰卡龙种、意式卡龙种、巧克力卡龙种。

6.3.14　戚风蛋糕

戚风是个音译词，"Chiffon"一词意指一种质料轻柔的雪纺薄纱，戚风蛋糕因质感轻柔软绵，所以便以之为名。戚风是由美国人哈利·贝卡发明的。他把这项发明保密了整整 20 年，直至 1947 年，戚风蛋糕的做法才被公开，这柔如丝绸、轻如羽毛的蛋糕，从此便一发不可收拾地风靡欧美，后来席卷日本、中国台湾地区。戚风蛋糕是指在制作中把鸡蛋中的蛋白和蛋黄分开搅打，拌入空气，然后送进烤箱受热膨胀而成的蛋糕。由于戚风蛋糕的面糊含水量较多，因此完成后

的蛋糕体组织比起其他类的蛋糕松软，却又有弹性，而且富有蛋香、油香，令人回味无穷。戚风是应用最广泛的基础蛋糕之一，如生日蛋糕、奶油蛋糕、裱花蛋糕的基本蛋糕体，慕斯蛋糕里的蛋糕层，甚至还可以在制作提拉米苏的时候代替意大利手指饼干。

戚风蛋糕的制法与分蛋搅拌（所谓分蛋搅拌，是指蛋白和蛋黄分开搅打好后，再予以混合的方法）式海绵蛋糕类似，即在制作分蛋搅拌式海绵蛋糕的基础上，调整原料比例，并且在搅拌蛋黄和蛋白时，分别加入发粉和塔塔粉。戚风蛋糕是烘焙新手的拦路虎，也常常成为高手的滑铁卢，简单的蛋黄糊和蛋白霜混合就可能出现很多问题，更不要说烘烤过程中需要控制的各种变量。

戚风蛋糕松软，水分含量高，味道清淡不腻，口感滋润嫩爽，是目前最受欢迎的蛋糕之一。这里要说明的是，戚风蛋糕的质地异常松软，若是将同样重量的全蛋搅拌式海绵蛋糕面糊与戚风蛋糕的面糊同时烘烤，那么戚风蛋糕的体积可能是前者的两倍。戚风蛋糕口感绵软、香甜，是外出旅行和电影院必不可少的休闲美食。虽然戚风蛋糕非常松软，但它却带有弹性，且无软烂的感觉，吃时淋各种酱汁很可口。另外，戚风蛋糕还可做成各种蛋糕卷、波士顿派等。

6.3.15 苹果派

苹果派（彩图 10）据说是一种起源于欧洲的食品，不过如今，它称得上是一种典型的美式食品。根据《美国食物饮料辞典》（*The Dictionary of American Food and Drink*），苹果派的流行使美国成了世界上最大的苹果生产国。

苹果派有着各式不同的形状、大小和口味，包括自由式、标准两层式、焦糖苹果派（Caramel Apple Pie）、法国苹果派（French Apple Pie）、面包屑苹果派（Apple Crumb Pie）、酸奶油苹果派（Sour Cream Apple Pie）等，举不胜举。

苹果派制作方便，所需的原料价格便宜，是美国人生活中比较常见的一种甜点，算得上美国食品的一个代表。"Like Apple Pies"这个短语就是缘于第二次世界大战，相传由于美国物资缺乏，勤劳的母亲们为了让家里的孩子还能幸福地吃甜品，就只能做最廉价的苹果派，然后整齐地摆放在橱柜里。后来就用这个来比喻物品摆放得整齐。

《哈利·波特》一书中，哈利在霍格沃茨学院的开学宴会上的甜点中也尝到了苹果派，可见，它在英国也是一种常见食品。

6.3.16　慕斯蛋糕

慕斯蛋糕（彩图 11）口感和风味的各种辅料，使之外形、色泽、结构、口味变化丰富，更加自然纯正，冷冻后食用，其味无穷，成为蛋糕中的极品。

在西点世界杯上，慕斯蛋糕的比赛竞争历来十分激烈，其水准反映出大师们的真正功力和世界蛋糕发展的趋势。1996 年美国十大西点师之一 Eric Perez 带领美国国家队参加在法国里昂举行的西点世界杯大赛，获得银牌。由于他们的名望，1997 年特邀为美国总统克林顿的夫人希拉里 50 岁生日制作慕斯蛋糕，并受邀在白宫现场展示技艺，当时轰动了整个烘焙界。

慕斯的英文是 Mousse，是一种奶冻式的甜点，可以直接吃或做蛋糕夹层。通常是加入奶油与凝固剂来造成浓稠冻状的效果。慕斯是从法语音译过来的。慕斯与布丁一样属于甜点的一种，其性质较布丁更柔软，入口即化。制作慕斯最重要的是胶冻原料如琼脂、鱼胶粉、果冻粉等，现在也有专门的慕斯粉了。夏季要低温冷藏，冬季无须冷藏可保存 3~5 天。冷冻后食用风味更佳。

现代人们的生活节奏越来越快，尤其对都市青年人群体，西式快餐的灵活经营手段迎合了这种消费需求，快捷性、方便性是其制胜市场的利器。在快节奏的生活和工作当中，大部分消费者在饮食要求方面有两个明显的关键点：第一，便捷；第二，营养。大部分消费者逐渐喜欢快速、方便的西式快餐，如面包、蛋糕、比萨等。西点食品在影响人们生活快节奏的同时为提供人体每天所需的维生素 C、钙、膳食纤维、蛋白质等营养成分。在琳琅满目的食品家族中，西点食品、传统食品占据主导地位，所以粮食加工会成为国家食品工业的基础产业和主导产业，成为今后食品工业发展的主要增长点，尤其是现在流行营养、天然、健康的食品，五谷杂粮制品备受欢迎。

我国西点食品业近年也得到了很大的发展，在品种结构、产品质量、包装装潢以及生产工艺技术设备等方面都有了根本性的改观。各类西点食品的年生产总量在 320 万吨以上，其中糕点 110 万吨、饼干 60 万吨、面包 150 万吨，年产值在 93 亿元左右。西点制作企业数达 4 000 家之多，已成为我国食品工业的重要组成部分。目前，西点食品的生产经营主要在繁华地段、超市、酒店，还有城乡的面包房。西点花色品种很多，各种风味均有，现烤现卖的不同形状、不同口味、不同风格、不同配料以及批量生产的不同包装、各式面包，为人们的日常饮食提供着方便和快捷。据统计，中国现有年消费额 40 000 亿元的外食市场空间，并且以平均每年 16% 的增长率不断增长，麦当劳、肯德基、德克士的营业额综合起来算所占的比例也不过 5.2%，这些数据说明中国西点食品有巨大的市场空间有待开发。

如今，全国面包所用干酵母年产量约为 19 000 吨，粗略计算，面包这一西式的美食年产量约为 150 万吨，远远低于美国、德国、日本等经济发达国家的面包消费量。从"必胜客"进驻中国近 20 年，绝大部分中国人在"必胜客"第一次认识了"比萨"这种风靡世界的西式美食，在很多人心目中，必胜客也成为"西式食品"的代名词。随后麦当劳、肯德基、85℃等西式快餐店纷纷进驻中国，以面包、蛋糕、炸鸡为主打产品在中国的经济发达城市抢占市场，并在中国得到消费者的喜爱和追捧。西点食品也顺应了新时代消费者健康饮食的新潮流、新趋势、新时尚的饮食观念。近些年，在北京、上海等地区，西点行业也慢慢涌起了众多品牌连锁机构，如好利来、克里斯汀、85℃、仟吉、元祖等，总是顾客盈门，生意火爆。而其他中、小城市西点食品的市场正处于发展阶段。未来，在中国经济不断发展的前景下，西点食品独特的便携性、灵活性的优势将是饮食行业中永不凋谢的一朵奇葩，中国的西点食品市场前景广阔！

章后复习

一、知识问答

1. 西式面点简称"＿＿＿＿＿＿"，主要指来源于＿＿＿＿＿＿国家的点心。它是以＿＿＿＿＿、＿＿＿＿＿、＿＿＿＿＿和＿＿＿＿＿为原料，辅以＿＿＿＿＿和＿＿＿＿＿，经过调制成型、装饰等工艺过程而制成的具有一定色、香、味、形、质的营养食品。

2. 西点行业在西方通常被称为"＿＿＿＿＿"，在＿＿＿＿＿国家十分发达，它同东方烹饪一样，在世界烹饪史上享有很高的声誉。＿＿＿＿＿是西点的主要发源地。西点制作在＿＿＿＿＿、＿＿＿＿＿、＿＿＿＿＿、＿＿＿＿＿、＿＿＿＿＿、＿＿＿＿＿等国家已有相当长的历史，并在发展中取得了显著的成就。

3. 西式面点的发展趋势：＿＿＿＿＿、＿＿＿＿＿、＿＿＿＿＿、＿＿＿＿＿、＿＿＿＿＿、＿＿＿＿＿。

4. 上等的比萨必须具备 4 个特质：＿＿＿＿＿、＿＿＿＿＿、＿＿＿＿＿和＿＿＿＿＿。＿＿＿＿＿一定要每天现做，面粉一般用春、冬两季的甲级小麦研磨而成，这样做成的饼底才会外层香脆、内层松软。＿＿＿＿＿是比萨的灵魂，正宗的比萨一般都选用富含蛋白质、维生素、矿物质和钙质及低卡路里的＿＿＿＿＿。

5. 关于三明治的故事，要追溯到＿＿＿＿＿的＿＿＿＿＿国。三明治 (Sandwich) 原是＿＿＿＿＿国一个地名，这个地方有一位伯爵名叫＿＿＿＿＿（John Montague），是个恶名昭彰的赌徒，终日流连在牌桌上。有一天，他已经马拉松式地在伦敦的一家俱乐部里赌了一天一夜，饭也没时间吃。虽然肚子饿，可是嗜赌如命的他，手气正好，当然舍不得离开牌桌去吃饭。由于这家俱乐部也是个牛排馆，于是他差人送来一些＿＿＿＿＿和＿＿＿＿＿，并且要用两片＿＿＿＿＿夹着，如此他才能用一只手拿着

吃，另一只手还可以握牌，又不会把牌弄脏。三明治伯爵四世的这个点子很快就流传开来，大家纷纷要求要吃"_____"，三明治这种食物因此而诞生。

6. 蛋挞皮有两种：一种是_____皮，英文叫 Puff Pastry，是一种一咬下去面渣四溅的蛋挞皮；另外一种便是_____皮，英文叫 Shortcrust Pastry，要加很多黄油，因此有一股曲奇的味道。

7. 原始的汉堡包是用剁碎的_____和面做成的肉饼，故称牛肉饼。古代_____人有生吃_____肉的习惯，随着_____人的西迁，先传入_____半岛，而后传到_____，逐渐改生食为熟食。_____地区的人将其加以改进，将剁碎的_____揉在面粉中，摊成饼煎烤来吃，遂以地名而称为"_____"。

8. 关于泡芙还有一个传说——在_____国北部的一个大农场里，农场主的女儿看上了替主人放牧的小伙子，但是很快，他们甜蜜的爱情被父亲发现，并责令把小伙子赶出农场，永远不得和女孩见面。女孩苦苦哀求，最后，农场主出了个题目，要他们把"_____"，如果他们在 3 天内做到，就允许他们在一起，否则，小伙子将被发配到很远很远的_____国南部。聪明的小伙子和姑娘在糕点房里做出了一种大家都没见过的点心——外面和鸡蛋壳一样酥脆，并且有着鸡蛋的色泽，里面的馅料是_____的牛奶。独特的点心赢得了农场主的认可，后来女孩和小伙子成为甜蜜的夫妻。

9. 布丁是一种_____国的传统食品。它是从古代用来表示掺有_____的香肠的"_____"演变而来的，今天以_____、_____、_____、_____等为材料制造而成的布丁，是由当时的_____人所传授下来的。

10. 直到_____年，一位_____国商人才成功地将巧克力引进_____国。_____国生产商根据本国人的口味，在原料里增加了_____和_____，于是，"_____巧克力"诞生了。

11. 6 款曲奇，6 种心情——让你回忆美好的时光。它们分别代表了"妻子的柔情""初恋的回忆""婚礼的激动""孩子的笑容""甜蜜的一家"和"热闹的新年"，将人生中最值得回忆的几个镜头：恋爱到结婚，从两个人到三口之家的种种美好回忆做了一次美好的阐述。其中：_____代表"妻子的柔情"，_____代表"初恋的回忆"，_____代表"婚礼的激动"，_____代表"孩子的笑容"，_____代表"甜蜜的一家"，_____代表"热闹的新年"。

二、思考练习

1. 讲述西式面点的起源和发展简况。

2. 讲述提拉米苏、黑森林蛋糕、吉士蛋糕等西式点心中蕴含的美食故事。

3. 从本章节你了解的西式点心中选择几款学习制作。

4. 以小组为单位，讨论研制几款西式点心。

5. 每周收集整理 1～2 款世界各地的名点。

三、实践活动

1. 你认为未来西点的发展趋势是什么? 写一篇不少于 300 字的文章，以班级为单位进行演讲交流。

2. 以班级为单位开展一次"西式点心展演"竞赛活动，既可从本节中选出一款自己喜欢的糕点，也可根据自己所学的知识创新。要求:

①厨艺水平精湛。

②自拟作品名称。

③能够讲述有关创作或制品的故事。

3. 课后学做几款西式点心，请亲朋好友品尝分享。

第 7 章
异彩纷呈的西餐工艺美术

　　烹饪是科学，是文化，是艺术。从人类社会的诞生起，烹饪就与美紧紧地联系在一起。西式烹调（简称西餐）作为烹饪大家庭中重要的一员，它的美更是随着人类的劳动实践而产生，又随着人类文明的进步而发展的。

　　本章通过简要介绍西餐工艺美术的起源和历史、烹饪与色彩、烹饪与造型及赏析西餐盘式，引导同学们了解西餐工艺美术的实质，认识烹饪与美的内在联系，揭示西餐烹饪工艺美术内在美的规律。

　　发现美，懂得美，创造美，是当今西餐烹饪行业对从业人员的一项基本要求。同学们，当你走进西餐美（泛指工艺美术）的世界，探索其美的奥秘，你将发现美离你如此之近。把美和西式烹调有效地结合，你会发现，你烹制的菜品是如此赏心悦目，会得到顾客的喜爱。持之以恒，你将会成为一名西餐烹饪艺术大师。

7.1 美的西餐

[学习目标]

1. 认识美，懂得美，发现美，了解西餐工艺美术。

2. 提高烹饪艺术认识，增强审美能力。

[导学参考]

1. 学习形式：小组合作，话题演讲。各小组主持讲授对美和西餐工艺美术的认识，并选取一个话题自主设计，汇报成果。

2. 可选话题：美的实质认识，源于生活的美，烹饪及西餐工艺美术的实质认识及两者的关系等。

3. 创意话题：结合对美的认识，谈谈你的"食用"审美观点。

从美说起，美就是一切艺术的灵魂，也是所有艺术给人以吸引和诱惑的源泉，烹饪艺术当然也不例外。揭示烹饪与美的关系，分析烹饪艺术内在美的规律，是一个很大的课题，要从这样一个独特的角度来揭开烹饪的全部奥秘，并不那么容易。一方面，因为美和美感本来就是十分抽象的概念，至今尚未被人们所充分认识；另一方面，因为人们对烹饪是艺术的提法虽然无可怀疑，但对烹饪是如何成为艺术的，仍知之不多。我们常说的烹饪是一门艺术，有时只是一种笼统的抽象的概括，有时甚至只是一种浅薄的恭维，要真正理解和规范烹饪艺术的内涵，我们至今仍缺少严密的界定。在研究烹饪艺术是如何给人以美的愉悦、美的享受的时候，让我们首先从美说起。

在人类生活的世界上，美是永恒的话题，在我们每个人周围，美，无处不在。大自然是充满美的。我们头上的星空和脚下的大地，处处给我们以美的感受、美的启示。高山的巍峨，江河的奔流，树木的葱茏，花卉的绚丽，都能在我们心中唤起美的感觉、美的体验。春天的芬芳，夏天的明朗，秋天的金黄，冬天的冷峻，都能让我们感受到不同季节的美感。人们外出旅游，在大自然的怀抱里得到放松和陶醉，面对自然的美景发出由衷的赞叹。即使在小小的居室或者办公室里，人们也不忘摆上一两枝盆栽的花草，可以让狭窄的空间里有一点自然美的点缀。大自然的美不仅能给人愉悦，而且能使人胸襟开阔、安宁、平静。与自然美相呼应的，是人类创造的艺术美。艺术是人类获得美的享受的另一个源泉。文学、诗歌、绘画、书法、音乐、建筑、园林、电影、戏剧等，都能以不同的特点和不同的形式给人以美的享受、美的陶冶，以不同方式的美感来打动人、感染人。对现代人来说，纯粹意义上的艺术，可以看作远离物质世界的一方净土，是人类一个特殊的精神家园，成为人类灵魂的栖息地。不难想象，要是缺少了艺术美的创造和欣赏，人类的精神生活将会如何单调和贫乏。

总之，从客观上看，世界是审美的，大自然是审美的，外部世界的一切都是按照美的规律、美的法则组成的。从主观上看，人们对美的追求贯穿于人类漫长的发展史，成为人类精神世界里盛开的最瑰丽的花朵。

美学的美是人类的不懈追求。然而人们对美的认识和理解至今仍十分肤浅。美，究竟是客观的存在，还是人的主观感觉、主观评价？美感是如何产生的，它有什么规律？为什么人们对同样的事物会作出不同的审美评价？对诸如此类的问题，人类不断地进行着探索和研究，不断地寻找着答案。美学是一门比较年轻的学科。从19世纪初期，黑格尔第一次把美和美感作为科学研究的对象，并写出了比较系统的《美学》算起，至今也不过100多年。在这100多年间，世界上不少哲学家、美学家为寻找美的规律，建立美学的科学体系，提出了不少学说和看法。然而，迄今为止，美学仍是一个悬而未决的课题，是一门争论最多和缺少定论的学科。因为美学不仅有关艺术创造和艺术欣赏，而且同人类的感觉和心理联系得特别紧密，它同人类对自身的研究紧紧结合在一起。马克思曾说过，任何科学研究最终都将触及对人的研究。美学更是如此。事实上，对人来说，他的五官，视、听、味、嗅、触，作为感觉、接受外部世界的器官，应该是平等的。按照马克思的观点，人的五官感觉的形成，是以往全部世界历史的产物。对马克思的这一结论，我们可以这么理解：人的五官不仅是生物性的器官，在长期的进化中，也是社会的产物。审美的触角人类审美活动始终是全方位的，人类艺术创造活动的指向同样是全方位的。从视觉艺术、听觉艺术到味觉艺术，这是人类在艺术领域里的不懈追求。从视觉审美、听觉审美到味觉审美，这是人类审美活动的自然延伸。艺术就是审美，烹饪艺术就是味觉和视觉审美。我们在这里进行这样的梳理，目的无非是恢复烹饪艺术的本来面目，匡正一切对烹饪艺术的误解和偏见，从而科学地确立烹饪艺术的地位，把烹饪艺术这一概念纳入严密的科学范畴。

烹饪是科学，是文化，是艺术，从人类社会的诞生起，它就与美紧紧地联系在一起。西式烹调（简称西餐）也是如此，作为烹饪大家庭中重要的一员，它的美更是随着人类的劳动实践而产生，又随着人类文明的进步而发展的。

西餐工艺美术是烹饪工艺美术大家庭的一部分，都属于特殊的艺术门类，它是通过西式的烹饪原料、烹饪手段和专业手工技巧进行菜点设计制作的食用美术，是集西方文学、绘画、工艺、色彩学、心理学、营养卫生学和烹饪技术等多种学科知识为一体的综合性学科。它将美术基础知识和手法如色彩、构图、造型及图案写生运用到烹饪技能中，利用冷菜、热菜、面点和食品装饰等媒介，使自然美与艺术美巧妙结合，将色、形、器、质融为一体。可以说，西餐工艺美术不仅研究西式烹饪工艺造型美的规律性，同时，在此基础上研究烹饪器皿与菜品的搭配，以及筵席台面的摆设和饮食环境的美化等，以达到烹饪环境美化及饮食环境与筵席美的统一，揭示西式烹饪活动美的创造与西式烹饪文化背景的内在联系。

7.2　西餐工艺美术的起源发展

【学习目标】

1.了解西餐工艺美术的历史，明确意餐、法餐在西餐艺术历史发展中起到的重要作用。

2.掌握西餐工艺美术发展阶段中的重要事件和取得的成果，探究西餐工艺美术实质内涵。

【导学参考】

1.学习形式：小组合作，话题演讲。各小组主持讲授对西餐工艺美术史发展的认识。

2.创意话题：结合对西餐工艺美术的认识，谈谈你对西餐业发展前景的看法。

　　人类对美的概念的起源，与饮食和烹饪有着密不可分的联系。据有关史料记载，早在公元前5世纪，在古希腊的西西里岛上，就出现了高度的烹饪文化。在当时就很讲究烹调方法，煎、炸、烤、焖、蒸、煮、炙、熏等烹调方法均已出现，同时，技术高超的名厨很受社会尊敬。许多王公贵族在自己家中设宴招待宾客，筵席不仅有美食美酒和以家族名字命名的调味品，更有精美的烹饪器皿和奢华的餐厅装饰，以显示自己门第的权威，西餐艺术的雏形开始出现。

　　有人问西餐之母是哪国菜？很多人会说是法国菜，实际上西餐之母是意大利菜！意大利地处欧洲南部的亚平宁半岛，自公元前753年罗马城兴建以来，罗马帝国在吸取了古希腊文明精华的基础上，发展造就了先进的古罗马文明，从而成为当时欧洲的政治、经济和文化中心。当时的王公贵族们，纷纷以研究开发烹调技艺及拥有厨艺精湛的厨师来展现自己的实力与权力，并引以为尊贵和荣耀。当时的普通百姓认为只要能成为烹调料理的高手，就有置身贵族圈的机会，以致全国上下弥漫在烹调技艺的研发乐趣之中。因此，将餐饮业发展推向鼎盛时期，进而奠定了"西餐之母"的神圣地位，并影响了欧洲的大部分地区。源远流长的意大利餐美食，对欧美国家的餐饮产生了深厚影响。

　　当佛罗伦萨首富梅第奇家族的公主长特琳把家乡的美食带到法国宫廷的时候，也带去了意大利美食的奢华之风。随着卡特琳成为法国的王后、太后，法国宫廷宴席上开始了"全盘意化"，法国人在国王亨利四世的带领下优雅地学起舞刀弄叉来，意大利美食的奢华在法国的宫廷发酵、演绎、发扬光大，形成了口味浓郁考究、豪华浪漫的法国饮食风格。

　　波旁王朝期间，法国的经济和军事力量逐步提升，巩固了中央集权，扩张了领土，成为欧洲第一强国，法国美食和法式礼仪也成为欧洲上流社会学习模仿的对象。随着法国逐渐强大，对多数人来说，吃饱已经不成问题，贵族和新兴的中产阶级开始追求吃得好、吃得有情调，整个社会对美食的崇尚，促使这一时期法国的烹调技术突飞猛进地发展。法国丰富的农产品，也给厨师们尝试创新菜肴提供了丰富的资源，创制出新式菜肴的厨师会受到人们的尊敬、追捧。在就餐形式上，法餐开始逐步摆脱意大利的影响，形成了自己独特的风格。法国人将甜食和咸食区分开来，严格按照先咸后甜的顺序依次上桌，最终形成了沿用至今的头盘、二道、主菜、甜品的用餐程序。在烹饪理论和技法研究上，1370 年前后，御厨纪尧姆·迪莱尔创作的法国美食经典专著《肉类食谱》问世。1420 年，厨师席卡儿出版了《论烹饪》，其中不仅介绍了菜的做法，还详细介绍了宫廷宴会的整个过程，对后来法餐礼仪的推广和发展起到了积极作用。1651 年，堪称法餐"独立宣言"的美食专著《法国美食》诞生，在书中作者拉瓦莱纳记录了当时法国美食所取得的创新，并将菜肴的制作方法系统性地、分门别类地进行详细描述。1653 年，拉瓦莱纳又出版了《法国糕点》，其中介绍了很多种法式糕点的制作方法，其中包括备受欢迎的千层酥（又名"拿破仑"酥）。1691 年，另一位大厨弗朗索瓦·玛西亚洛出版了《王室与平民美食宝典》。他的书中第一次将菜名按照字母顺序排列介绍，成为美食词典的先驱。据说法餐中备受欢迎的甜品焦糖布丁也是他发明的。1903 年，埃斯科非出版了与多名大厨合作编著的《厨艺指南》，书中介绍了 5 000 多种菜的做法，被誉为"法餐菜谱大全"。他简化了法餐的制作工艺，创造了大量的新菜，还推动后厨管理进入了现代化，在提高后厨房效率上作出了贡献。他改进了专业厨房的组织方式，将厨房分为 5 个工作台，其中包括：冷盘制作台、半成品台、煎炸烧烤台、酱汁汤品台，以及甜点制作台。这种专业化的分工大大提高了后厨的效率，同时也提高了菜品质量的稳定性。此外，18 世纪，法国还出现了世界上第一个饮食鉴赏家——让·安塞尔姆·布里亚·萨瓦里，在他的著作《品尝解说》中，对各种菜肴作了评价，并以百科全书的形式综述了菜肴与饮料。这本书为美食界闻名遐迩的《法国美食》《法兰西美食与美酒评论》《米其林指南》等美食杂志的出现打下基础。在装饰艺术上，18 世纪后，法国出现了许多著名的西餐烹调艺术大师，如安托尼·卡露米（1784—1833 年）、奥古斯特·艾斯考菲尔（1846—1935 年）等。这些理论著述引领着法国美食追求极品豪华的时尚，这些著名的烹调大师设计并制作了许多优秀的菜肴，有的品种至今仍是深受顾客青睐的品种。

　　法国餐饮在口味的考究、装饰的华美和礼仪的周全等方面都是无与伦比的。崇尚奢华的美食风尚确定了法餐"吃饱—吃好—吃情调"的风格，形成了法餐注重食品与器皿及环境的和谐统一，使烹饪美与自然美和艺术美巧妙结合，将色、香、味、形、器、质、养融为一体，法餐的艺术之美得以完整地呈现，获得了全世界饕餮之徒的追捧，成为高档餐饮的代表。法式餐饮追求经典高档的风格奠定了传统的西餐工艺美术豪华精美的基调。

　　然而，法国大革命的炮声结束了波旁王朝的统治，也与奢华的宫廷美食挥手诀别。"昔日王谢堂前燕，飞入寻常百姓家。"大量的宫廷御厨流落民间，将昔日宫廷的美食盛宴散播在巴黎的大街小巷，一批新兴的资产阶层在享受贵族生活时，又加上了特有的"小资情调"，使得法国餐饮别具艺术的韵味，降尊纡贵的法国餐饮，又以其独有的平民情调风靡世界。工业革命后，简便快捷的快餐文化冲击了传统的饮食风俗，在快节奏的生活方式中，人们没有更多的时间消磨在一日三餐上，删繁就简成为普遍的生活需求，使得西餐美学从崇尚华美走向追求实效，在传承传统的同时，又注入了时代的元素，形成了简约清新自然的美学风格。

"美"作为一门独立学科是近代科学发展的产物。20 世纪以来，"美"向着纵深方向发展。一方面，现代心理渗入"美"，探寻人类审美感受的心理特征；另一方面是"美"走向社会，与各有关部门特点结合起来成为部门"美"，产生了不少新兴的"美"的分支，诸如工艺美术、建筑美术、商品美术、景观美术等。烹饪美术也是如此，它是人类的烹饪活动和审美活动相结合，在人类物质生产活动的长期实践中产生的。它是人们对烹饪原料、烹饪手段、手工技巧和菜点设计制作等进行有机结合，集文学、绘画、工艺、色彩学、心理学、营养卫生学和烹饪技术等多种学科知识为一体，将美术基础知识和手法运用到烹饪技能中，利用冷菜、热菜、面点和食品装饰等媒介，使自然（食材）美与艺术美巧妙结合，将色、形、器、质等融为一体。它注重烹饪器皿与菜品的搭配，以及筵席台面的摆设和饮食环境的美化等，达到饮食环境与筵席美的统一。由此烹饪作为一种实用艺术形式呈现，"食用美术"——烹饪工艺美术作为"美"的这一独立学科的一个分支也就在这种情况下诞生了。作为现代艺术的发源地的欧洲，烹饪工艺及艺术蓬勃发展，并引领着世界烹饪行业的发展方向，西餐工艺美术随之就出现了。

7.3　绚丽多彩的西餐色彩之美

［学习目标］

1. 了解使用烹饪色彩的意义。

2. 掌握运用烹饪色彩的原则、方法。

3. 培养审美情趣、提高创美的能力。

［导学参考］

1. 学习形式：小组合作，话题演讲。各小组通过烹饪案例讲授对西餐色彩的认识，任选以下一个话题自主设计，汇报成果。

2. 可选话题：食用色彩应用设计、西餐盘式色彩设计等。

3. 创意话题：结合对食用色彩的认识，谈谈你的"食用"审美观点。

7.3.1 百色相辉映，寓意各不同

在美食色、香、味、形、器、意、养等要素中，"色"毫不谦让地位居首位，这是因为"色"总是很抢眼地闪亮呈现，刺激人们的眼球。色彩是最能迅速传达信息和表情达意的，它能直接左右着人们的情绪，唤起人们的情感联想。色彩学研究表明：色彩不仅能引起人们在大小、轻重、冷暖、膨胀、收缩、前进、后退等方面的心里感觉，同时还能引起人们的心理情绪变化以及兴奋、欢快、宁静、典雅、朴素、豪华、苦涩等情感联想。色彩关系所产生的对比、节奏、韵律等形式因素能使人感受到色彩特有的魅力，同时伴随着积极的情绪与情感，能唤起人们强烈的视觉与心理感受。

色彩是构成烹饪艺术美的要素之一，也是最能表现烹饪艺术美的形式之一，它的重要性仅次于味。颜色可以使人产生某些奇特的感情，烹制菜肴时，如果能巧妙地用色，会使菜肴赏心悦目，令人胃口大开。不同的色彩带给人不同的口味感受、情绪影响和食欲需求。

①红色热烈、庄严、兴奋，是一种充满活力的色彩，它能刺激神经系统产生兴奋，促进肾上腺素分泌，增强血液的循环。红色的菜肴色彩鲜明，给人以浓厚、香醇、甜美、有营养、够刺激的快感。宴席上，如果摆上一碟红辣椒，或是端上一盘大龙虾，总能刺激人们的味蕾，使人食欲大增，心情愉快。西餐常用红色的辣椒、火腿、果酱等原料作食品的点缀。例如，用红色的辣椒丝点缀在翠绿的豇豆中，用红色的果酱装点在面包上。

②橙色热情、温暖、快乐，可以增强活力、诱发食欲。在菜品摆盘设计上，橙色因色彩鲜亮故经常作为点睛之笔。因为在菜品色彩的组合中，橙色常显得过于"艳眼"，不易与其他颜色相调和，所以，在应用中，要合理把握其明度、纯度和面积等关系，使色彩美观、和谐。由于橙色和许多香味食品密切关联，所以被称为"芳香色"。

③绿色新鲜、自然、大方，充满生命力，绿意葱茏的菜肴能激发人的食欲，有益于消化，平和的绿色还能起到镇静的作用。西餐中绿色蔬菜使用非常多，一是荤素营养搭配需要；二是绿色蔬菜与红、橙、黄等颜色的动物蛋白及各色水果相搭，自然和谐，也是能使人产生食欲的颜色。厨师们在烹制新鲜蔬菜时，往往非常讲究火候，为的就是保持其鲜嫩的口感和翠绿的色泽。

④蓝色清秀、清凉、广阔、朴实，是沉静的冷色，能平衡人的心情，消除紧张情绪，使人心胸开阔。鲜明的蓝色还富有浪漫的色彩。但是，大自然中蓝色的食品非常少见，为了满足喜爱蓝色菜肴的人的需求，厨师们不得不采用对人体无害的食用色素来填补空缺。

⑤紫色神秘、华丽、高贵，是一种充满浪漫和幸福的色彩，紫色独特的内涵和高雅的韵味，可表达出非常细腻、丰富的感情。天然的紫色食品营养丰富，且在色彩配置上，能发挥其独特的作用。例如，日韩料理中的寿司，深色紫菜配上白色的饭团及浅橙色鱼肉，可增强色彩的对比，给人以视觉的美感。

⑥白色洁净、朴素、神圣，一尘不染的白色象征着纯洁美好的品德。在食品中，豆腐、鱼、虾及贝类的肉质都是白色的，这类白色食品往往蛋白质含量很高。白色是个百搭的颜色，很容易与其他颜色调和，所以，在制作菜肴时，白色的原料中可配上红、黄、绿、黑等各色原料。

⑦灰色平凡、质朴、柔和而含蓄，虽然没有突出的个性，但容易与跳眼的彩色相调和，深受人们的喜爱。灰色在菜肴中常常作为背景色出现，是一种甘当配角的色彩。

⑧黑色象征坚实、庄重、刚毅、厚重以及失望、恐怖等。黑色的调和作用极强，能很好地衬托各种鲜艳的颜色，菜品中时常会用黑色的食品做点缀，它会使整个菜肴的色彩显得更加生动。

⑨金色象征着光明、辉煌、财富、幸福等。生活中，人们喜欢佩戴黄金首饰，以显示富贵和幸福。餐饮中，金色的餐具显得豪华、高档。在菜肴的色彩的设计中，金色通常用作点缀，起到锦上添花的作用。金色的食品给人以香浓味厚的感觉。许多烤制食品都呈金黄色，如烤红薯、烤鸭、烤全羊、烤乳猪等，这些闪耀着金色光泽美食，令人感到香味四溢。但在菜肴制作中，金色使用如果面积过大、用量过多，效果则适得其反，会失去美感。

⑩银色高雅、纯净，是财富的象征。与金色相比，银色的光亮相对含蓄、内敛，但仍然不失优雅高贵的气度。在色彩应用中，银色与金色大致相同，起到装点、间隔的作用。西餐盘式中会经常出现用锡纸做装饰。另外，许多鱼类带有天然的银色，如带鱼、鳊鱼等，为了保持这天然美的光泽，可采用清蒸的烹制方法，如清蒸带鱼，其成品光泽依然，香气四溢，细嫩鲜美，再点缀些绿色的葱花、黄色的姜丝，色彩清纯高雅，浑然天成，美不胜收。

依据色彩搭配原理巧妙地搭配食色，会令人心情愉快，食欲大增，能更好地营造吉祥欢乐的氛围，充分发挥菜品色彩的表现功能，激发人味觉的遐思妙想，如白色给人以软嫩、清淡、本味突出之感，红色给人味道浓厚、香甜之感，淡黄色给人脆嫩的感觉，金黄色给人香脆、酥松之感，绿色给人清淡、爽脆、新鲜之感，黑色给人以焦苦之感，但是近似黑色的栗色、枣红色却能给人以味浓、甘香之感。

除此之外，菜肴色彩设计还要考虑国家的饮食习惯。每一个国家或地区，通常会有自己偏爱的色彩，也往往会有对某些色彩的禁忌，了解这些常识，有助于我们把工作做得更好。例如：中国对红色、金色等极为喜爱，认为是喜庆、富贵、吉祥的象征，对黑、白有所禁忌；印度喜爱红、黄、金等色；日本喜爱淡雅、柔和的色调，如蓝色、紫色、茶色等，忌绿色；伊拉克绿色象征伊斯兰教，红色用于客运行业，国旗的橄榄绿避免在商业上运用；美国比较关注商品包装的特定色彩；加拿大喜欢素色，尤爱白色，因为白色代表纯洁，不喜欢黑色；墨西哥偏爱红、白、绿，绿代表国家色，使用广泛；德国喜爱一些鲜艳、明快的色彩，不喜欢深蓝色、茶色、黑色；荷兰最爱橙色，蓝色代表国家色，十分受人欢迎；法国对色彩的爱好较为广泛，但忌用墨绿色；意大利喜爱鲜艳、明快的色彩；瑞典、丹麦、芬兰喜爱绿、黄等体现大自然的颜色，忌用

黑色。

西餐在餐盘颜色的选择上，大多选择白色的餐盘衬托五颜六色、斑斓夺目的各种美味，统一而不单调，一种温文雅致的奢华感飘然而至，让人们可以通过视觉感受到温柔的气息和品味感，简洁、统一正是它脱颖而出的理由。

7.3.2 烹饪色彩和谐搭配的原则及要求

自然界中的色彩不能完全生搬硬套地运用在烹饪上，在烹饪中，不同色彩的原料经过合理搭配，能使菜肴色彩艳丽、淡雅或色彩平和、清晰，达到刺激食欲、美化菜肴、悦人精神的效果，使饮食活动达到实用性与艺术性结合的双重效果，因此菜肴色彩搭配是有原则的。

1）对比色的搭配

红色与绿色，黄色与紫色，蓝色与橙色等。它能使菜品达到成色明亮醒目、主题清晰、生动感人的效果。但它也是菜品色彩配置中一个难度较大的内容。搭配得恰当，能增添菜肴的味美香浓之感，如搭配不当，则会减损菜肴的品质，从而影响整个宴席的档次。由此可见，正确地处理对比色应按照色彩搭配的基本规律，根据宴席主题思想，合理配置，灵活应用。

2）调和色的搭配

红色与黄色，黄色与橙色，蓝色与紫色等。调和色的组合效果是统一协调，优美柔和，简朴素雅。但由于色彩之间具有更多的共同因素，所以对比较弱，容易产生同化作用。在面积相当的情况下，两色差别都较模糊，造成平淡单调，缺乏力量的弱点。在过于调和的色彩组合中，以对比色作为点缀，形成局部小对比，这是增强色彩活力的有效办法；也可以用适当的色线勾出轮廓，以增加对比因素，加以补救。

3）菜肴调色及色彩搭配要求

人们长期以来形成的饮食习惯决定了菜肴色彩的两大特点：一是特别讲究菜肴原料的本来之色；二是特别讲究菜肴原料的热变之色。原料的本来之色，尤其是蔬菜原料，常代表着新鲜。原料的热变之色，如淡黄、金黄、褐红等，能很好地激起人的食欲。因此，对菜肴调色及色彩搭配有如下要求：

①尽量保护原料的鲜艳本色。蔬菜的鲜艳本色预示着原料新鲜，并且能很好地刺激人的食欲，调色时应尽可能予以保护。如绿色蔬菜，烹调时要特别注意火候，不要加盖焖煮，还要注意尽量不用能掩盖其绿色的深色调料和能改变其绿色的酸性调料。肉类原料的本来红色在烹调中有时也需保护，可以在加热前先用一定比例的硝酸盐或亚硝酸盐腌渍。

②注意辅助原料的不足之色。有些原料的本色做菜肴之色显得不够鲜艳，应加以辅助调色。较为典型的是香菇，烹调时加适量酱油来辅助，其深褐本色就会变得格外鲜艳夺目，否则，色彩便不太理想。有些原料受热变化后的色彩时常也需要用相应的有色调料辅助，如往干烧、干煎大虾之类的菜肴中加入适量番茄酱，也可增色。

③注意掩盖原料的不良之色。有些原料制成菜肴后色彩不太美观，如畜肉受热形成的浅灰褐色，需要用一定的调制手段予以掩盖。上浆、挂糊、表面刷蛋液、高温处理、加深色调料等均起着掩盖原料不良之色的作用。

④注意促进原料的热变之色。菜肴原料受高温作用，如炸、煎、烤等，表面发生褐变，可呈现出漂亮的色彩。要使原料的热褐变达到菜肴的色彩要求，除了严格控制火候之外，有时还要加一些适当的调料，以促进其热褐变的发生。例如，西餐中的烤制菜肴，常要在原料表面刷上一层橄榄油、佑糖、蜂蜜、蛋液等，炸制菜肴，有时需要在原料码味时加入一些红醋、酱油等（酱油不可多放，否则色彩会过于深暗，在西餐烹调中可不放）。

⑤注意丰富各种菜肴的色彩。很多菜肴的调色不是单纯地考虑原料的本色，而是根据菜肴的色彩要求和色彩与食欲的关系，用有色调料来调配，以使菜的色彩变化更为丰富。同一种原料可以调配出多种不同的色调，如肉类菜肴就可以有洁白、淡黄、金黄、褐红等色，这是使菜肴色彩丰富的关键。

⑥注意色彩与香、味间的配合。菜肴的调色必须注意色彩与香气和味道的配合，因为色彩能使人们产生丰富的联想，从而与香气和味道发生一定的联系。一般来说，红色，使人感到鲜甜甘美，浓香宜人，还有酸甜之感；黄色，使人感到甜美，香酥，鲜淡的柠檬黄还给人以酸甜的印象；绿色，使人感到滋味清淡，香气清新；褐色，使人感到味感强烈，香气浓郁；白色，使人感到滋味清淡而平和，香气清新而纯洁；黑色，有煳苦之感（原料的天然色彩除外）；紫色，能损害味感（原料的天然色彩除外）；蓝色，一般给人以不香之感。黑、紫、蓝三色通常很难激起人的食欲。

⑦注意防止原料呈现变质的颜色。前面提到过，菜肴原料的鲜艳本色会让人感觉到原料特别新鲜，能很好地激起食欲。如果将绿色蔬菜调配成黄色，红色肉类调配成绿色，则会让人感觉到原料腐败变质，看在眼里没了食欲，吃在嘴里难以咽下。因此，调色时应避免形成原料的腐败变质之色。

7.3.3　西餐色彩的巧妙搭配

西餐菜肴十分讲究色彩的搭配，恰到好处的色彩搭配给人的视觉冲击是十分强烈的，人们能从食色中感受到令人垂涎的美味，唤起旺盛的食欲和美好的心情。那么，西餐的色彩设计有哪些技巧呢？

①崇尚原汁原味的西餐十分推崇天然色彩的自然之美。黄瓜的翠绿、草莓的艳红、茄子的深紫等都是天然美色，在菜肴制作中，人们会想方设法保留食材的固有色，呈现食材的自然本色。智慧的厨师利用各种手段保持食材的颜色，例如，用焯水的方法保留蔬菜的鲜绿，用油炸的方法增加食材的金黄色泽等，方法花样翻新。

②西餐讲究色彩鲜艳而和谐，强调餐饮美学的独特效果。例如，生活中，大红大绿因为流于俗艳，通常不被人接受，而在西餐的制作中，红配绿却是经典的配色。当红色的牛肉围上翠绿的西蓝花，牛肉上点缀些许草绿的小葱，再配置些黄色和紫色的洋葱，整个盘面色彩和谐，浑然天成，看上去仿佛有一股浓香溢出。

③注重色彩对比。西餐的菜色要求色彩的纯度高。色彩的纯度是指色彩的鲜艳程度。所有色彩都是由红、黄、蓝三原色组成的，原色的纯度最高，三原色可以调成任意色，但是越调纯度越低。高纯度的色彩给人鲜明、干净、清新感，这也是菜色搭配的完美境界。菜色纯度低，看上去灰蒙蒙、无食欲，就很难受人青睐。西餐中，人们常用对比的方法提高菜色的鲜美度。例如，这道美味的酱鸭腿。盘中的鸭腿经过酱制后，色彩昏暗，色泽的光洁度不够，厨师便给它配上了鲜艳的辣椒、番茄和纯红的西瓜，还点缀了白色的大蒜、绿色的蔬菜和黄亮的菠萝，还有用来为鸭腿提升光泽的酱汁，在这配饰的对比衬托下，整盘菜看上去美艳无比，香而不腻。西餐烹饪中，如果主食材的制作手法受限制，不能保证高度的纯色时，通常在组成这道菜的其他元素里面下功夫，发挥你的想象，去创意完美的艺术设计。

7.3.4　色彩斑斓西点工艺

1）色彩在点心工艺中的作用

五颜六色的马卡龙、寓意爱情的提拉米苏、绚丽多彩的彩虹蛋糕、金黄香酥的葡式蛋挞……一款款色彩斑斓的精致点心带给人的是艺术的享受，是抵不住的味蕾诱惑。一杯红茶，一份醇香的茶点，可令沉闷的日子生动起来，是生活中最美的画卷，而创造这种享受的正是精美的点心造型与和谐的色彩搭配，点心的艺术色彩能带给人心灵的美好享受。

①西点色彩运用的基本知识。色彩是西点师抒写内心情感的艺术语言，是构图的重要元素。了解和掌握基本的色彩运用知识，才能在西点制作中，驰骋联想的翅膀，自如挥洒色彩的笔墨，创意形色俱佳的糕点。如果在造型中色彩布局不当，常会影响构图的完美性。

美学上，把色相、明度、纯度称为色的三属性。色相分为无彩色和有彩色两大类。顾名思义，无彩色即如黑、白、灰等不着彩的色，有彩色即如赤、橙、黄、绿、青、蓝、紫等着彩之色。明度，即色的明亮程度。明度高称明色，明度低称暗色，中明度称中性色。黑色最暗，白色最亮，灰为中明度，由黑到灰至白排列，中间可分出明度不同的许多灰色。有彩色赤、橙、黄、绿、青、蓝、紫各自明亮程度不同，如果它们分别与无彩色明度系列相调和，又可得出无数明度不同的色。纯度，是指色味多少的程度。纯度最高的色为纯色，越接近纯色纯度就越高，离纯色越远纯度就越低。

万紫千红中，红、黄、蓝是不需要调和的三原色，三原色可与其他色调配出各种颜色，三原色是万能的，是色彩的生命起源。例如，红＋黄＝橙、红＋蓝＝紫、红＋白＝粉红、红＋黑＝咖啡、黄＋蓝＝绿、黄＋粉红＝橘、橘＋白＋黑＝灰色、红＋黄＋蓝＝棕色。

不同色彩会给人不同的刺激和感觉，红、橙、黄的色相给人以温暖的感觉，称为暖色，青绿、青蓝、青紫等色相给人以冷的感觉，称为冷色。暖色给人以扩散膨胀、热烈兴奋的感觉，而冷色则给人以内敛紧缩、沉静厚重的感觉。

②在西点制作中，掌握色彩运用原理，才能自如地运用色彩，创造出富有内涵和各性的点心，呈现色彩的美感。与西餐菜肴制作一样，理想的点心色彩是最大限度地发挥原料所固有的色彩美。食品原料的本色是最完美的色相，巧妙地运用食材的自然本色，是西点制作中色彩运用的至高境界，任何人为的增色都是画蛇添足。在人们日益追求健康绿色餐饮的今天，纯天然的食品越来越成为市场追捧的热点，过多地使用人工着色，会给人以不卫生的感觉，反而降低食欲。

2）点心加工中如何获取适当的色彩

首先，利用食品原料的固有色，在点心制作的过程中，许多原料自身具有各种美丽的色彩，如蛋黄的黄色，樱桃、草莓的鲜红色，糖浆的焦黄色，糖粉的雪白色和猕猴桃的翠绿色等。这些原料通过加工、切配、组合，可形成多种鲜美、色调自然、既卫生又有营养的点心图案。其次，通过工艺手段着色，如通过熟制工艺使制品着色的常见方法有：刷鸡蛋液着色，利用糖的焦化作用着色，撒糖粉着色及利用烘烤、油炸等成熟工艺，使食品发生物理、化学变化而着色。有时，为满足食品色彩的需要，也常用食用色素增加食品原料的色彩，如裱花的奶油就是利用食用色素上色，使用食用色素着色一定要谨慎，不可超标使用，以免弄巧成拙，造成不良的影响。

7.4 简约自然的西餐造型之美

【学习目标】

1. 了解西餐美学造型的基本原理，掌握西餐造型技巧。
2. 能运用所学的原理和技巧创意一款西餐菜肴或西点的盘饰。
3. 提高审美情趣和欣赏美、创造美的能力。

【导学参考】

学习形式：小组合作，创意作品赏析推广。各小组推荐两款优秀作品，向全班同学介绍推广，并结合对西餐造型艺术的认识，谈谈你的西餐盘饰设计的审美观点。

7.4.1 西餐造型的美学原理

图案是实用美术、装饰美术、建筑美术、工业美术方面关于形式、色彩、结构的预先设计，在工艺、材料、用途、经济、美观条件制约下制成图样、装饰纹样等方案的统称。烹饪图案是指将美学知识融入烹饪中，依据菜肴本身的特性，按照美学法则对菜肴的色彩、造型进行设计，使之成为优美的装饰性纹样。

学习图案对烹饪专业的学生是非常重要的，无论是花色拼盘、面点制作，还是雕刻艺术都离不开图案的造型艺术，图案知识对烹饪造型的学习和提高有着直接的作用。

烹饪图案的设计是一个变化的过程，是指把写生来的自然物象处理成烹饪图案形象，使之适用于烹饪工艺造型的图案纹样。现实生活中的自然形态，有些不适应图案的要求，有些不符合烹饪工艺的条件，不能直接用于烹饪图案的造型。因此，烹饪图案需要经过选择、加工、提炼，才能适用于一定的烹饪原料制作。

烹饪图案的基本表现形式有夸张、变形、简化、添加、联想。

一般来说，装饰图案的构成比较自由多样，它不像绘画那样必须局限于特定的场合与角度。它可以突破时间、地点和透视、比例等关系，按照装饰的想象和烹饪工艺的需要做结构处理。从基本形式上划分看，烹饪图案可分为平面构成和立体构成两种。

平面构成的表现形式有单独图案、连续图案（二方连续、四方连续）、边饰图案。

单独图案

连续图案（二方连续）

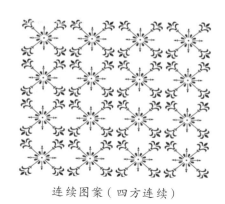

连续图案（四方连续）

边饰图案

立体构成源于西方 20 世纪初流行的"抽象绘画"，后影响到雕塑、建筑和工艺美术。立体构成的原理是基于"任何形态都是可以分解的（分解到人的肉眼和感觉所能觉察到的形态限度）"这一认识。形态是由各种不同的要素构成的，这些要素就是点、线、面、体、空间、色彩、肌理。由此可见，形态要素本身不是表现具体形象的抽象形象。正由于它的抽象性，也就更具普遍性，对食物造型设计也有很大的帮助。由于现代人的生活节奏加快，食品造型设计趋向于简练，突出造型形态和原料色彩的美，因而立体构成的原理、方法也随之发展且日益系统、完善。不少现代食品强调形态本身的美，几乎就是立体构成的作品，由此可见，立体构成对食品造型设计是至关重要的。

7.4.2　西餐摆盘装饰技巧

西餐菜肴的极致奢华，其中很大部分都得益于其精致的摆盘造型艺术，研究其特性，就会发现极简主义风格的平面构成和立体构成食品造型设计大行其道，所谓少而精，当精致的选材与艺术邂逅，美到极致，往往让人不忍动筷，而是要细细地品味精致绝美的艺术品。另外，西餐菜肴中，少有奢华烦琐的装饰，反而强调菜肴本身的整体魅力而非附加的装饰，很多时候我们觉得大厨们仿佛是在盘中作画，将一幅幅春意盎然的景象展现在盘中。

1）西餐摆盘的基本形式

西餐摆盘的基本形式有混合式、分隔式、立体式、平面式、圆柱式和放射状摆盘。

（1）混合式

混合摆盘适用于不同颜色，不同食材的菜品，加调汁拌匀即可。

（2）分隔式

分隔摆盘是将不同味道的原料或菜品放在同一个有隔断的盘子里，是一种较为常见摆盘形式，其造型基本上以盘子的造型为依据。

（3）立体式

立体式摆盘在西餐中经常使用，厨师可发挥想象力，创意出具有设计感和个性的造型，摆拼出错落有致的立体形状，呈现抢夺时空的立体美。

（4）平面式

平面式摆盘是将食材重叠平铺于容器上，摆拼出各种充满诗情画意的图案，这种盘式适用于片状冷餐，如冷肉品等。

（5）圆柱式

圆柱摆盘也可说是立体摆盘的另类造型，它只需要将食物放在盘中塑造成圆柱形状，再加上一些配饰点缀，既凸显主体的美观整洁，又使画面灵动活泼，表现立体的美感，圆柱式摆盘与立体式摆盘有异曲同工之妙。

（6）放射状摆盘

以一个主要食物为主，周围的食物呈放射状排布。放射状摆盘有统一感，而且主次分明，放射开的图案更显整齐。

2）西餐摆盘的传统装饰物

（1）用于配菜

豌豆、胡萝卜、土豆、西兰花等。

（2）用于头盘

蘑菇头、小黄瓜、圣女果干、烤蒜瓣等。

（3）蔬菜盘头

洋葱、芦笋、菠菜、扒蔬菜等。

除此之外，还有一些简单常用的装饰物。如扒青红椒条、烤苹果、炸土豆球、蘑菇帽、土豆、胡萝卜、橄榄、小萝卜、扇形酸黄瓜、扇形黄桃、柠檬饰品、烤面包粒、土豆泥丸子、肉丸子、水果丁丸子等，都是人们经常用来装饰餐盘的食材。

3）西餐摆盘技巧

（1）点线面法（彩图12—彩图14）

点线面法是当下最流行的摆盘方法，以追求返璞归真、简约时尚的创新理念成为餐饮美学的风向标。"点线面"为西餐造型设计的起点，凸显简洁质朴之美。这种摆盘方法借助"点"透视聚焦的功能突出主菜，以点的连续构成线，以点的集合形成面。以垂直线表现庄重、上升之感，以水平线表现静止、安宁之感，以斜线表现运动、速度，以曲线表现自由流动、柔美之感。它以线界定面，形成几何形、有机形、偶然形等不同的面，并用花朵、坚果、酱料等点缀来打破面的单调，绘制出一幅生动灵活、创意无限的菜肴盘饰，使美食更加秀色可餐（彩图15和彩图16）。

（2）钟表法

如果用大圆盘作餐具，空间大，不宜定位菜肴位置，可以把圆盘当作一个圆形钟表，然后，再将食物放置到相应的时针位置，就可以轻松布局了。比如，一道传统菜肴的摆盘，通常把含淀粉的食物摆放在10点钟位置，肉类摆放在2点钟，蔬菜放在6点钟，这样就可以精准地定位布局了。但是，这个法则不能通用所有的盘形。如果是长方形盘子，就用象限定位法来摆盘，如果是三角形盘子，就可用3的n次方来划分区间、设计布局。

（3）叠拼造型法（彩图 17—彩图 19）

以重叠堆积的方法将少量的菜品摆放到盘子里，使原本量少的菜品看起来体积增大，富有层次感，并且给人以立体的美感。堆积法被广泛地使用于菜品的摆盘装饰上，这种技巧尤其适合于甜点和沙拉类的菜品。

（4）酱料法（彩图 20—彩图 22）

酱料法是巧妙地发挥酱料在摆盘装饰的美化作用。一般常用的手法有用勺子或带锯齿的小餐刀将奶油、芥末酱等酱汁涂抹成弧形，也有用酱料瓶将其挤出，形成各种各样的形状，以此来点缀配饰主菜，营造美的氛围。

（5）留白法（彩图 23—彩图 25）

留白法借用了书法、绘画的艺术手法，在摆盘中，疏密有致地摆放菜肴。主菜与配菜之间应保持适度的空间，每种食物都拥有单独的空间，使菜肴展示或古典或新潮、或简约或华丽的艺术特色，从而达到最佳的视觉效果。

西餐摆盘造型手法花样翻新，这里只是列举几种常用的方法，希望能起到抛砖引玉的作用。

4）西餐摆盘应注意的事项

（1）平衡

平衡之美即是和谐之美，一堆杂乱无章的食材，经由厨师的巧手调配，瞬间变成各种风格迥异的美味佳肴。若把"美食"比"西子"，浓妆淡抹总相宜。西餐的平衡之美包括颜色的平衡、形状的平衡、质地的平衡和味道的平衡。

如以绿色的蔬菜搭配褐色的烤肉，绿色沙拉搭配黄色番茄或者紫色的菜叶……适宜得体的颜色搭配会让食物看起来更有食欲。颜色搭配的典型用法是，当一道菜肴有各种蔬菜搭配时，一般以绿色蔬菜为主，辅以其他切割出来的不同形状不同颜色的食材。保持形状的平衡是西餐造型的重要标准。如这盘堆积造型的蜜汁山药，如果没有绿色蔬菜和红色番茄的搭配，便会显得沉闷呆板、毫无生气。再如，一盘简单的拌土豆丁，如果配上一两根胡萝卜条，或者洋葱圈，就会显得更灵动有生趣。质地的平衡是西餐摆盘非常讲究的事宜，如果搭配不当，不但影响菜肴的外观，更会破坏菜肴的口味。例如，烤鱼肉如果配蔬菜泥，就会口感很黏，如果配上一两片烤苹果，顿时口味就变得鲜爽香甜。不同质地的食材搭配一般遵循软对硬、粗糙对顺滑、干燥对黏稠的原则。味道的平衡是指菜肴味道不能太过浓烈，以防压住主料的自然风味，本末倒置。

（2）摆放

西餐摆盘中，主配菜摆放的位置十分讲究。一般规则如下：如果主菜在前，蔬菜淀粉类配菜在右后边；如果主菜在中间，蔬菜淀粉类配菜可随意摆放或者整齐地围在主菜的周围；如果装饰物或者蔬菜作为垫底，主菜或者肉类的食材应放在上面；如果主菜配菜整齐地码在中间，周围淋汁即可。另外一个值得强调的问题是摆盘时要选择菜品的焦点，菜肴的焦点同时也是中心点，菜品中的主要食物（通常是肉类或者海鲜）要放在最显眼的焦点位置，但这个焦点不一定是在盘子的中心。要尽量把叠得最高或者体积最大的食材放在盘子的后半部分，食物的最低点不应在盘子的中心位置，整体设计应凸显主体食物，禁忌喧宾夺主和杂乱无章，没有层次感。

（3）盘子的选择

在摆盘的技术中，盘子是最基本也是最关键的架构，你的盘子决定了你这道菜的摆盘方式和艺术方向。无论选择圆形、椭圆形，还是长方形的餐盘，都要适合你的菜品造型需要，要符合食物的特性。一般来说，白色且大的餐盘是首选，因为空间大容易塑造菜品样式，给人视觉上的艺术美感。摆盘时，每份的菜量要与盘子大小相匹配，以免太多，造成拥挤混杂的乱象，过犹不及。配菜与主食的比例也要恰到好处，相得益彰。

（4）配菜

配菜也是西餐盘饰最重要的元素之一，不仅能美化造型，同时也能提升菜肴味道的层次感。配菜在盘饰装点中举足轻重，所谓"红花还得绿叶配""众星捧月"讲的就是这个道理，如果没有配菜的烘托陪衬，菜肴的美将会大打折扣，所以配菜的选择十分重要。切忌选择不能食用的配菜，配菜要与主菜相符合，比如柠檬配炸鱼或者蒸鱼是很常见的，但是如果鱼已经配上了奶油少司，再配柠檬就画蛇添足了，配菜的味道不要过重，体积不宜太大，以免喧宾夺主。

（5）保持整洁

食物要干净，摆放要整齐，不可超出盘子边线，不可凌乱地堆放在一起，看上去很不卫生。绿色健康的饮食应从良好的卫生开始。

总之，菜肴造型立体化、色彩搭配多元化是西餐美学的至高境界，西餐摆盘技巧可谓不胜枚举，作为一名司厨人应在继承传统的同时，不断追逐时代的步伐，与时俱进，创造出新颖独特的美食，以飨宾客。

7.4.3 点心造型的构思和布局

在琳琅满目的糕点世界里，有数不清的款式，超萌的、可爱的、温暖感人的、浪漫甜美的、华丽典雅的……款款都是那么伶俐可爱，那么令人迷恋。而这些美丽新奇的糕点都是来自西点师的巧思设计和布局制作。

构思与布局是点心造型艺术的灵活，没有西点师独具匠心的构思和布局，就没有生动迷人的创作。西点师在创作点心时，必须依据顾客的意愿和喜好确立创作的主题、用料、表现

形式和名称等，这个过程就是点心制作的构思过程。通过构思，确立了点心造型的主题、主导色彩和色调，选定了适宜的原材料和表现内容及手法，便可进入造型的布局阶段。布局在美术工艺中又称构图，它是在构思的基础上，对食品造型的整体进行设计。包括图案、造型的用料、色彩、形状大小、位置分配等内容的安排和调整。构图在点心造型艺术中是一门重要的基础知识，

它广泛地运用于工作实践中，每个点心的艺术造型、布局等都离不开构图原理和技法。构图的方法有多种，如平行垂线构图、平行水平线构图、十字对角构图、三角形构图及起伏线、对角线、螺旋线、"S"形等，各种形式线的综合运用都以不同的形式美给人以艺术的享受。构思与布局在点心造型工艺中具有重要意义。

在点心造型构思和布局中需注意以下几点：

①图案设计要有主次，在突出主题内容的同时，要注意次要内容与主要内容的呼应，以保持造型图案的完整性。

②图案内容要疏密适当，疏就是要使图案的某些部分宽畅，留有一定的空间，密就是使图案的某些部分紧凑集中。在图案布局时既要防止布局稀稀拉拉，零乱分散，又不能使布局拥挤闭塞，密不透风。只有疏密互相对比，互相映衬，才能使图案收到既变化又统一的效果。

③要处理好图案内容的对比关系，能否处理好图案的对比关系，是造型布局中的一个重要问题。图案中的对比包括造型过程中原料与原料之间的对比关系，色彩之间的对比关系及各图案间的大小、高低、长短、粗细、曲直、圆扁、动静等方面的对比。在制作实践中，如果能处理好这些关系，就能使食品造型图案的主题更突出，层次更清楚，色彩更明朗，图案更生动活泼。

在构思、布局的基础上，将进入食品造型的制作阶段。这一阶段，通过对食品的装饰、裱形、雕塑等工艺，使食品造型图案形成具有审美意义的艺术作品。

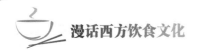

一、知识问答

1.虽然意大利的饮食有"＿＿＿＿＿＿＿＿＿"之称，但真正把西餐推上辉煌的巅峰，成为全世界推崇的美食的却是＿＿＿＿＿＿＿＿。

2.说出3部在法国历史上有影响的餐饮理论著作＿＿＿＿＿＿＿＿、＿＿＿＿＿＿＿＿、＿＿＿＿＿＿＿＿。

3.在美学上，被称为三原色的有＿＿＿＿＿＿＿＿、＿＿＿＿＿＿＿＿、＿＿＿＿＿＿＿＿。这3种颜色可以调配出各种不同的颜色，人们把＿＿＿＿＿＿＿、＿＿＿＿＿＿＿称为暖色，把青绿、青蓝、青紫等称为＿＿＿＿＿＿。暖色给人以＿＿＿＿＿＿、＿＿＿＿＿＿的感觉，而冷色则给人以＿＿＿＿＿、＿＿＿＿＿＿的感觉。色彩的三元素包括＿＿＿＿＿、＿＿＿＿＿＿、＿＿＿＿＿＿＿。

4.从基本形式上划分，烹饪图案可分为＿＿＿＿＿＿＿＿和＿＿＿＿＿＿＿＿，其中平面图案又分为＿＿＿＿＿＿＿图形、连续图形即＿＿＿＿＿＿＿连续和＿＿＿＿＿＿连续、＿＿＿＿＿＿＿图案。

5.西餐摆盘的基本形式有＿＿＿＿＿＿＿、＿＿＿＿＿＿＿、＿＿＿＿＿＿＿＿、＿＿＿＿＿＿＿、＿＿＿＿＿＿＿。

6.西餐摆盘的技巧有＿＿＿＿＿＿＿、＿＿＿＿＿＿＿、＿＿＿＿＿＿＿、＿＿＿＿＿＿＿。

7.西餐摆盘时，＿＿＿＿＿＿＿应放在最显眼的焦点位置上，但这个焦点位置不一定是在盘子的＿＿＿＿＿＿＿。

8.西点师在创作点心时，必须依据顾客的意愿和喜好确立创作的＿＿＿＿＿＿＿＿＿、用料、＿＿＿＿＿＿＿和名称等，这个过程就是点心制作的＿＿＿＿＿＿＿＿＿过程。＿＿＿＿＿＿＿在美术工艺中又称构图，它是在构思的基础上，对食品造型的＿＿＿＿＿＿＿进行设计。包括图案、造型的用料、色彩、形状大小、位置分配等内容的安排和调整。

9.构图的常用方法有＿＿＿＿＿＿＿构图、＿＿＿＿＿＿＿构图、＿＿＿＿＿＿＿构图、＿＿＿＿＿＿＿构图及＿＿＿＿＿＿＿、＿＿＿＿＿＿＿、＿＿＿＿＿＿＿等。

10.在点心造型构思和布局中需注意：图案设计要有＿＿＿＿＿＿＿，图案内容要＿＿＿＿＿＿＿，要处理好图案内容的＿＿＿＿＿＿＿。

二、思考练习

1.结合案例探讨色彩在西餐、西点创作中的意义。

2.赏析一道西餐或西点作品的构思、布局。

三、实践活动

选择一个你喜欢的摆盘技巧创意一款西餐菜肴（或西点作品）的盘饰，并运用所学美学理论加以赏析。

附　录

附录1　日本料理

一、日本料理概述

在如今这个全球化的时代，食物早已成为一种文化名片，正如人们提到美国就会想到快餐一样，提到日本，一般人的第一反应也少不了日本料理。

说起来或许让人意外的是，现在为人所熟知的许多日本料理，其实都只有很短的历史——日式烤肉、天妇罗、饭团寿司这 3 种最具代表性的和食，最多只能追溯到江户时期。不容否认，日本料理在古代受到中国及朝鲜文化的强烈影响。稻米、灶和甑、酱油、禅林饮食……凡此种种都不例外，涵盖主食、调料、餐具、饮食理念等各个方面。连最具日本特色的寿司，追根溯源也与稻米文化的传入有关，其根源应在中国南方或东南亚地区。

传统的日本料理，其主要是米饭，副食是蔬菜和鱼鲜等。日本人认为，没有大米，什么菜都会变得大为逊色，日本人身体所需热量中有 1/5 是从大米中摄取的。日本是一个四面环海的岛国，渔业生产很发达，因此，在 100 年以前，人们不大吃牲畜类，而主要靠吃鱼鲜，这是他们最容易获得的动物性蛋白源，此外，就是蔬菜、豆类制品等植物性蛋白。

日本料理素以清淡、少油为特点，日本人不喜欢吃高脂肪食物。因此，做菜不用或少用油，以生、烤、煮以及煎为主。日本人非常喜欢吃腌制物，如酱菜之类，或是酱拌食品。所谓腌制品，是把蔬菜拌上米糠、盐等作料，经特殊的发酵法加工而成，有泽庵、福神等，这些酱菜对日本人来说几乎是每天不可缺少的。此外，他们爱吃酱汤、酸梅之类的食品。

日本人的饮食，往往用分食制的办法。经常吃类似于中国的盖浇饭，以及用鱼、醋、盐做成的寿司、紫菜卷饭团等。全家聚在矮脚小桌旁用餐，用筷子，饭菜盛器基本上跟中国人一样，一般来说，日本人的早、中两餐比较简单，晚饭则比较讲究。

日本的酒，主要是米酿的，度数一般为 40° 左右，饮时加温，名酒为清酒，现在饮啤酒为多。

日本人认为，目前日本人的饮食方法大体上是正确的。现在日本人平均每天的营养摄取量为 2 500 卡，从营养学的观点来看，是恰好的。

日本料理主要分为 3 类：本膳料理、怀石料理和会席料理。

本膳料理：以传统的文化、习惯为基础的料理体系，在十分正式的日本宴席上将菜放在有脚的托盘上使用。

怀石料理：在茶道会之前给客人准备的精美菜肴。在中世日本（指日本的镰仓、室町时代），茶道形成了，由此而产生了怀石料理，这是以十分严格的规则为基础而形成的。日本菜系中，最早最正统的烹调系统是"怀石料理"，距今已有450多年的历史。据日本古老的传说，"怀石"一词是由禅僧的"温石"而来。那时候，修行中的禅僧必须遵行的戒律是只食用早餐和午餐，下午不必吃饭。可是年轻的僧侣耐不住饥饿和寒冷，将加热的石头包于碎布中称为"温石"，揣到怀里，顶在胃部以耐饥寒。后来逐步发展为少吃一点东西，起到"温石"御饥寒的作用。

会席料理：晚会上的丰盛宴席菜式。随着日本普通市民的社会活动的发展，产生了料理店，形成了会席料理。可能是由本膳料理和怀石料理为基础，简化而成的。其中也包括各种乡土料理。会席料理通常在专门做日本菜的饭馆里可以品尝到。日本菜发展至今已有3 000多年的历史。据考证，日本料理借鉴了一些中国菜肴传统的制作方法并使之本土化，其后西洋菜也逐渐渗入日本，使日本料理从传统的生、蒸、煮、炸、烤、煎等基础上逐渐形成了今天的日本菜系。

二、日本料理的主要品种介绍

（一）日本刺身

日本刺身就是生鱼片，是将新鲜的鱼、贝等原料，依照适当的刀法加工，享用时佐以用酱油与山葵泥调出来的酱料的一种生食料理。以前，日本北海道渔民在供应生鱼片时，由于去皮后的鱼片不易辨清种类，所以经常会取一些鱼皮，再用竹签刺在鱼片上，以方便大家识别。这刺在鱼片上的竹签和鱼皮，当初被称作"刺身"，后来虽然不用这种方法了，但"刺身"这个叫法仍被保留下来。

刺身以漂亮的造型、新鲜的原料、柔嫩鲜美的口感以及带有刺激性的调味料，强烈地吸引着人们的注意力。近些年，随着餐饮业国际交往的增多，世界各国好吃的东西都能在国内找到。刺身也是这样，它已经从日本料理店走进了数量众多的中高档中餐馆。

刺身最常用的材料是鱼，而且是最新鲜的鱼。常见的有金枪鱼、鲷鱼、比目鱼、鲣鱼、睛花鱼、鲈鱼、鲻鱼等海鱼，也有鲤鱼、鲫鱼等淡水鱼。刺身已经不限于鱼类原料了，像螺蛤类（包括螺肉、牡蛎肉和鲜贝），虾和蟹，海参和海胆，章鱼、鱿鱼、墨鱼、鲸鱼，还有鸡肉、鹿肉和马肉，都可以成为制作刺身的原料。在日本，吃刺身还讲究季节性。春吃北极贝、象拔蚌、海胆（春至夏初）；夏吃鱿鱼、鲡鱼、池鱼、鲣鱼、池鱼王、剑鱼（夏末秋初）、三文鱼（夏至冬初）；秋吃花鲢（秋及冬季）、鲣鱼；冬吃八爪鱼、赤贝、带子、甜虾、鲡鱼、章红鱼、油甘鱼、金枪鱼、剑鱼（有些鱼我们国家还没有）。

刺身的佐料主要有酱油、山葵泥或山葵膏（浅绿色，类似芥末），还有醋、姜末、萝卜泥和酒（一种"煎酒"）。在食用动物性原料刺身时，前两者是必备的，其余则可视地区不同以及各人的爱好加以增减。酒和醋在古代几乎是必需的。有的地方在食用鲣鱼时使用一种调入芥末或芥子泥的酱油。在食用鲤鱼、鲫鱼、鲇鱼时放入芥子泥、醋和日本黄酱（味噌），甚至还有辣椒末。

刺身的器皿用浅盘、漆器、瓷器、竹编或陶器均可，形状有方形、圆形、船形、五角形、仿古形等。刺身造型多以山、川、船、岛为图案，并以3、5、7单数摆列。根据器皿质地形状的不同，以及批切、摆放的不同形式，可以有不同的命名。讲究的，要求一菜一器，甚至按季节和菜式的变化去选用盛器。

刺身并不一定都是完全的生食，有些刺身料理也需要稍做加热处理，例如蒸煮：大型的海螃蟹就取此法；炭火烘烤：将鲔鱼腹肉经炭火略为烘烤（鱼腹油脂经过烘烤而散发出香味），再浸入冰中，取出切片而成；热水浸烫：生鲜鱼肉以热水略烫以后，浸入冰水中急速冷却，取出切片，即表面熟、内部生，这样的口感与味道，自然是另一种感觉。日本的刺身料理，通常出现在套餐中或是桌菜里，同时也可以作为下酒菜、配菜或是单点的特色菜。在中餐里，一般可视为冷菜的一部分，因此上菜时可与冷菜一起上桌。

按照日本人的习惯，刺身应从相对清淡的原料吃起，通常顺序如下：北极贝、八爪鱼、象拔蚌、赤贝、带子、甜虾、海胆、鱿鱼、金枪鱼、三文鱼、剑鱼。好多人都误认为吃刺身时蘸山葵泥是为了杀菌，其实不然——这只是为了更好地保持生鱼的原汁原味。需要提醒的是，吃刺身时千万不要用筷子搅拌小碟中的酱油和山葵泥，因为地道的日本人认为这是不礼貌的用餐举动，是不懂得正确品尝刺身的表现。

（二）寿司

寿司是日本料理中最具民族特色的饮食。在江户时代的延宝年间（1673—1680年），京都的医生松本善甫把各种海鲜用醋泡上一夜，然后和米饭攥在一起吃。可以说这是当时对食物保鲜的一种新的尝试。在那之后，经过了150年，住在江户城的一位名叫华屋与兵卫的人于文政六年（1823年）简化了寿司的做法和吃法，把米饭和用醋泡过的海鲜攥在一起，把它命名为"与兵卫寿司"，公开出售，这就是现在的攥寿司的原型。

寿司主要原料：米、蟹肉棒、寿司醋、鱼、蔬菜。寿司的做法有两种：一种是饭团式，一种是卷。

饭团式：这个最简单，把鱼片成 2.5 厘米宽，5~6 厘米长的片，片的时候要斜片。然后做个 2 厘米 ×2 厘米 ×4.5 厘米大小的长方体饭团，鱼片中间点一点绿芥末，然后把饭团扣上，翻过来放到盘中，整形。

蔬菜、蟹肉棒、鸡蛋、饭团的做法：饭团是一样的做法，唯一不同的是上边要绑上一条紫菜，这样牢固些，好吃好拿。

卷：准备好做寿司的专用紫菜片，卷式紫菜，还可以分两种，一种是外卷，一种是内卷（饭在里边，紫菜在外边）。

外卷的做法：

紫菜一张，对折分成两片。取其中半片，仔细看看，紫菜分正反面，光滑的一面朝下，在粗糙的一面上均匀地涂上米。米的用量：手攥一个比手心略小的饭团，放在紫菜的中央，从里往外，从中间向两边推开。手如果觉得黏，可以沾些清水润手。整张紫菜铺满米饭后，中间撒些白芝麻，然后把紫菜翻过来，中间涂上一点绿芥末，然后放上自己喜欢的东西，就可以开始卷了。拿起长的下边向中间卷，然后再卷一下就好了。

内卷的做法：

和外卷不一样的是，要用个竹帘子，不用的话也可以，就是寿司的形状不是太好，而且容易散。半张紫菜放到竹帘的下方，还是光滑的面向下，然后手里攥个比手心小 1/3 的饭团，放入紫菜的中间，慢慢地把米向外推，但是不要把米涂满整个紫菜，上边留下 2 厘米，下边留下 1 厘米。然后涂芥末，放你喜欢吃的东西（不要多）。卷的时候，把紫菜拉到和竹帘的下边对齐，然后向中间卷，把下边的竹帘放开，再带着竹帘卷一下，就好了。

吃寿司的配料：日本泡姜、绿芥末、日本酱油。

（三）乌冬面

乌冬，又称乌龙，是一种以小麦为原料制造的面食，在粗细和长度方面有特别的规定。乌冬面与日本的荞麦面、绿茶面并称日本三大面条，是日本料理店不可或缺的主角。其口感介于切面和米粉之间，口感偏软，再配上精心调制的汤料，就成了一道可口的面食。冬天加入热汤、夏天则放凉食用。凉乌冬面可以蘸被叫作"面佐料汁"的浓料汁食用。

最经典的日本乌冬面做法，离不了牛肉和高汤，面条滑软，酱汤浓郁。乌冬面反式脂肪酸为零，并且含有很多高质量的碳水化合物。通过配合不同的佐料、汤料、调味料可以尝到各种不同的口味。有的时候也会在面上加上裙带菜、蔬菜天妇罗、小葱一起食用。在日本老少咸宜，不论在家里还是在外吃饭，乌冬都是一种很常见的食品。

日本历来小麦种植不普遍，缺少面食文化。当今日本的面食文化是受中国和西方的影响而形成的，乌冬面便是因唐朝面食传入日本而产生的。根据香川县的口头传说，空海（弘法大师，西元 774—835 年）由唐国带回乌冬的制法，拯救了赞岐当地的贫民。

因为濑户内海雨水稀少，很难种米而传授给赞岐人，一般认为，这就是现在的赞岐乌冬的原型。

乌冬面的汤料在中国人看来只是酱油汤，其实里面有所谓的"出汁"，即由海产品熬制的高汤，但一般并无油水，其形式多为"狐馄饨"，即在面条上放上一个较大的油豆腐（形状和滋味和中国的油豆腐有些不同），因其颜色像狐狸的毛色，故有此名，此外再撒上一把葱花就成了。放在面上的这一块呈扁平状的油豆腐，制法也与中国很不同，豆腐油炸之后，却要将其放入开水中将油气煮尽，然后沥干水分，放入糖、酱油、海鲜汤慢慢煮至入味，因此面汤上几乎没有油星。

1. 制作材料

（1）主料：面条（标准粉）400克。

（2）辅料：牛肉（瘦）222克，西兰花50 g，油菜心30 g。

（3）调料：植物油70 g，鸡粉16 g，酱油30 g，料酒5 g，淀粉（玉米）10 g，盐10 g。

2. 制作流程

（1）牛肉洗净切片放入碗中，加油10 g，鸡粉3 g，酱油10 g、料酒5 g和生粉10 g，拌匀腌制15分钟。

（2）洗净西兰花、油菜心，烧开锅内的水加15 g盐，放入西兰花和油菜心焯1～2分钟，捞起沥干水。

（3）锅内注入60 g油烧热，倒入牛肉片炒1～2分钟，其间洒60 g水炒至血水消失，捞起牛肉片，锅内牛肉汁待用。

（4）往锅内倒入清鸡汤，加20 g酱油，10 g鸡粉搅匀，煮沸后放入乌冬面，盖上锅盖煮2分钟熄火。

（5）将煮好的乌冬面盛入碗里，摆上油菜心、西兰花和牛肉片，倒入汤汁即可。

（四）日式铁板烧

日式铁板烧是日本料理中最高级别的就餐形式，它不同于中餐的烧烤和韩国烧烤，吃日式铁板烧是财富和地位的象征。铁板烧是将食材直接放在热铁板上炙烤成熟，这些食材事先不能腌制加工，而是通过高热的铁板快速烹调成熟以保留其本身的营养和味道。

由于食材事先不能腌制加工，所以它对原材料的要求是相当高的，如西冷牛肉、菲力牛肉、牛仔北京铁板烧。

日式铁板烧强调原料的本味，最多搭配黄油、胡椒粉、少量酱油来烹调食材，而铁板烧的师傅将美极鲜味汁、豉油汁、海鲜酱油、白兰地等多味调料用于铁板烧食材中，口味更丰富。

1. 制作方法

（1）准备阶段

①选用一块较好的扒肉或其他肉类，如鸡鸭肾、鲜鱿鱼等。

②适量的姜葱、青椒。

③油盐酱油适量。铁板烧通常选用高级、新鲜的食材，主要分为海鲜如龙虾、大虾、带子、鲍鱼等，肉类如日本本土出产的和牛、鸡肉，蔬菜如菌类、甚至豆腐等。一些餐厅则提供如金针菇或剥皮辣椒牛肉卷等食法。不少日式铁板烧菜单也包括炒饭或炒面。

（2）制作阶段

把铁板烧热，加一点油，把肉类、姜片、青椒放上去，把盖子盖上让它煮一会儿，快好的时候加酱油，最后撒上葱花就行了。

2. 吃法

①在日本，一般会以牛肉作为铁板烧的灵魂，所以在点铁板烧之前，通常会先吃点儿前菜。

②接着会是比较鲜甜的海鲜，如烤大虾、银鳕鱼之类的。

③在上牛肉之前，还会来个沙拉，先清清口，然后就该上牛肉了。

④最后再来个炒饭或者炒面作为这一餐的收尾。

（五）特色菜

1. 铁板牛仔骨

牛肉作为铁板烧的灵魂出场了，烧热铁板后擦油，放上牛仔骨快速烧熟。切得薄薄的牛仔骨肥瘦相间，与照烧汁搭配，相得益彰。这道菜的牛仔骨选用牛的第 6 根肋骨，因此肉质细嫩。吃的时候只要找窍门，转一圈肉与筋全部入口，带骨带筋肥腴鲜美，多汁且耐嚼。

2. 铁板烧番茄炒面

一顿铁板烧吃到尾声，通常会以炒面或者炒饭收尾。新鲜的番茄沙司炒出浓浓的番茄味，每一口都是酸甜开胃。红色酱汁是以番茄为主料，味道和颜色一样鲜艳，酸甜的口味带来兴奋的小刺激。

（六）日本清酒

1 000 多年来，清酒一直是日本人最常喝的饮料。在大型宴会上、结婚典礼中，或在酒吧间或寻常百姓的餐桌上，人们都可以看到清酒。清酒已成为日本的国酒。

提起清酒，即使是在中国，很多人也会认为清酒起源于日本，因为日本已将清酒定为国酒，成为日本文化的代表，日本清酒在世界范围内都享有盛誉。但是，据史料考证得知，清酒最早起源于中国，后经江浙地区辗转传入日本，在日韩发扬光大。

清酒，是借鉴中国黄酒的酿造法而发展起来的日本国酒。据我国史书记载，古时候日本只有"浊酒"，没有清酒。后来有人在浊酒中加入石炭，使其沉淀，取其清澈的酒液饮用，于是便有了"清酒"之名。公元 7 世纪中叶之后，朝鲜古国百济与中国常有来往，

并成为中国文化传入日本的桥梁。因此，中国用"曲种"酿酒的技术就由百济人传播到日本，使日本的酿酒业得到了很大的进步和发展。

日本清酒虽然借鉴了中国黄酒的酿造法，但却有别于中国的黄酒。该酒色泽呈淡黄色或无色，清亮透明，芳香宜人，口味纯正，绵柔爽口，其酸、甜、苦、涩、辣诸味谐调，酒精含量在 15% 以上，含多种氨基酸、维生素，是营养丰富的饮料酒。

饮用清酒时可选用浅平碗或小陶瓷杯，也可选用褐色或青紫色玻璃杯。酒杯应清洗干净。清酒一般在常温（16 ℃左右）下饮用，冬天需温烫后饮用，一般加温至 40 ~ 50 ℃，用浅平碗或小陶瓷杯盛饮。清酒可作为佐餐酒，也可作为餐后酒。

日本人喜欢在清酒中加入一些小食品，像梅子、小青瓜之类的，几乎成了一种饮用习惯。日本梅子比较大，不是很酸，泡在杯底如海藻一般，可以一边饮用，一边观赏。加入青瓜，有别于梅子的风味，好喝、耐泡而且十分别致。

日本人喝清酒很有讲究，传统的农历三月三至九月九喝的是冷酒。秋冬两季天气较冷，则热饮：将酒连瓶放入开水中，逐渐升温，有温得不烫手的酒，微热的酒，烫得正合适的酒，还有热酒。不烫手的酒温度大约 40 ℃，热酒则为 55 ℃，由热酒温度计控制，非常方便。

附录2　韩国饮食文化

韩国是一个饮食文化非常发达的国家，韩国人民用自己的聪明才智与辛勤劳动创造出了丰富多彩的韩国美食和博大精深的饮食文化。这里将从韩国饮食特点和韩国饮食礼仪两方面谈谈韩国的饮食文化特点。

一、韩国饮食礼仪

韩国是一个非常注重传统礼节的国家，就是在餐桌上也有一套严格的"规矩"。以斟酒为例，如果双方第一次见面，则一手需托住另一只手的肘部为对方斟酒。双方熟悉之后，则可单手为对方斟酒，但如果对方是长辈，则必须用一只手托住酒瓶底端斟酒。除此以外，还有一些"注意事项"，如与长辈一起用餐时，长辈动筷后晚辈才能动筷。不要把汤匙和筷子同时抓在手里，不要把匙和筷子搭放在碗上，不要端着碗吃饭喝汤（这点与我国传统正好相反）。要先喝汤再吃别的食物。用餐时不要出声也不要让匙和筷碰到碗而发出声音，共享的食物要夹到各自的碟子上以后再吃，醋酱和辣酱也最好拨到碟子上蘸着吃。用餐时咽到骨头或鱼刺时要避开旁人悄悄地包在纸上再扔掉，不要直接扔在桌子上或地上。用餐不要太快也不要太慢，与别人统一步调。与长辈一起用餐时，等长辈放下汤匙和筷子以后再放下。用餐后，汤匙和筷子放在最初位置上，使用过的餐巾叠起来放在桌子上。中国人、日本人都有端起饭碗吃饭的习惯，但是韩国人视这种行为为不规矩。所以你一定要记住桌子上的饭碗是不能用手碰的，而且也不能用嘴接触饭碗。然后你会注意到饭碗是不锈钢制的（在家里或高级餐厅时，用陶瓷制的饭碗），圆底带盖地"坐"在桌子上，没有供你的手握的把。再加上米饭传导给碗的热量，不碰它是合情合理的。至于碗盖，你可以取下来随意地放在桌上。勺子在韩国人饮食生活中比筷子更重要，它负责盛汤、捞汤里的菜、盛饭，不用时要架在饭碗或其他食器上。而筷子只负责夹菜。不管你汤碗中的豆芽菜怎么用勺子也捞不上来，你也不能用筷子。这首先是食礼的问题，其次是汤水有可能顺着筷子流到桌子上。筷子在不夹菜时，传统的韩国式做法是放在右手方向的桌子上，两根筷子要拢齐，2/3 在桌子上，1/3 在桌外——这是为了便于拿起来再用。韩国人没有使用筷架的习惯。这种做法，有人觉得除非桌子表面擦得很干净，否则是不卫生的，因此，便改成了把筷子放在小菜碟上。最后，当你吃完饭后，还是要把勺子和筷子摆成当初的形状，做到有始有终。

二、韩国饮食特点

韩国人对饮食很讲究，有"食为五福之一"的说法。韩国菜的特点是"五味五色"，即由甜、酸、苦、辣、咸五味和红、白、黑、绿、黄五色调和而成。韩国人的日常饮食是米饭、泡菜、大酱、辣椒酱、咸菜、八珍菜和大酱汤。八珍菜的主料是绿豆芽、黄豆芽、水豆腐、干豆腐、粉条、椿梗、藏菜、蘑菇 8 种。

韩国人特别喜欢吃辣椒，辣椒面、辣椒酱是平时不可缺少的调味料。这与韩国气候寒冷湿润有关。种植水稻，需要抗寒抗湿，有如泡菜是具韩国民族特色的冬季必备食品。每年 11 月，把白菜、萝卜洗净晾干之后，加辣椒、蒜、葱、海鲜等各种调味料，用大缸腌渍起来，密封半个月至 1 个月后食用。每个家庭主妇都有腌制泡菜的独特手艺和秘方，因此，泡菜的口味，每家各不相同。

韩国人爱吃牛肉、鸡肉和鱼，不喜欢吃羊肉、鸭子以及油腻的食物。

韩国多泉水，泉水干净清凉甘美，因为韩国人一般不喝茶和开水。

韩国人都习惯在矮桌上吃饭，小桌上摆有饭碗、汤碗、盛酱的小碟，以及装小菜的盘子。吃饭也使用筷子和汤匙。

韩国著名的乡土名菜主要有各种生鱼片、木浦臭酶鱼、光州炖乳猪、烤牛肉、生拌牛胃（即牛百叶）、人参鸡、神仙炉。

韩国人的饮食离不开腌制品，种类很多，主要为泡菜和腌鱼。

韩国人喜爱喝汤。汤是韩国人饮食中的重要组成部分，是就餐时所不可缺少的，种类很多，主要有大酱汤等。

韩国人常吃甜点、糕点和面食，主要有麦芽糖、油蜜果、打糕、蒸糕、发糕、甲皮饼、油煎饼、冷面等。

韩国人的日常饮品，包括酒类和软饮料两大类。三亥酒是一种浊酒，它的历史可追溯至新罗、百济、高句丽时期。因是农家酿制，俗称农酒，清蜜混毡，但酒精

度低，清凉可口。此外，还有保存期长的清酒和适宜冬天酿制的甘酒。软饮料主要有民间自制的花茶和柿饼汁，前者与中国的花茶同名而实质不相干，后者多在元旦时饮用。

三、深受人们喜爱的韩国美食

（一）韩国泡菜

具有韩国代表性之一的泡菜是韩国人餐桌上必不可少的发酵食品。在关注饮食健康的当今，不仅在韩国，在其他许多国家泡菜已成为大众化饮食。最为熟知的泡菜是用红辣椒为料制作的辣白菜，但实际上泡菜的种类多达数十种。另外，还有利用泡菜制作的泡菜汤、泡菜饼、泡菜炒饭等料理。

泡菜是韩国人不可或缺的一种副食，虽说都叫泡菜，但实际上泡菜的品种多如牛毛，有大白菜泡菜、大萝卜泡菜、韩国特有的小萝卜泡菜、打包泡菜、总觉萝卜泡菜、萝卜大丁泡菜、汤汁儿泡菜、冰凉清爽可口的"冬致味"、萝卜汤泡菜、大葱泡菜、苦泡菜等。传说在过去的韩国，不会腌制36种酱和泡菜的女人，无法找到婆家。除此之外，还有各个季节将青蒜、萝卜、嫩紫苏叶等各种时令蔬菜利用酱油或盐腌制的酱牙剂和鱼虾类经发酵而成的鱼虾酱等，因此，可以说韩国是地地道道的发酵食品的王国。

韩国人不仅把泡菜作为一种副食，近来还用泡菜做馅，制作成汉堡包、三明治、比萨饼、寿司、水饺、烧卖。泡菜以其各种原料形体、颜色，巧妙地制作成各种鱼形、动物形、植物形、花朵形的各类点心装饰。泡菜的原料竟然有章鱼、海参、虾和螃蟹，还有各种水果、树叶、人参等。数一数，泡菜的种类不下千种。这些土洋结合的食品也颇受韩国民众的欢迎。

（二）韩国拌饭

与泡菜一同被列为韩国代表料理的拌饭，作为韩国最高传统饮食，是在白米饭上

拌上炒肉，各种各样的青菜，与辣椒酱或调料等一起拌着吃。拌饭不仅可口，有益健康，而且制作容易，食用方便，成为饭桌上的绝佳饮食。拌饭的故乡全州有很多著名的小吃店，在首尔也有很多知名的拌饭店。全州拌饭、平阳的冷面、开成的汤饭并称朝鲜三大美食，且全州拌饭是居于首位的。

全州拌饭的营养价值：

大米：大米中的赖氨酸含量极少，如不能从其他食物中得到补充，以米为主食的人对蛋白质的利用率就会降低，不仅影响儿童长个儿，也会对成年人的新陈代谢带来不利影响。

牛肉：牛肉富含肌氨酸，牛肉中的肌氨酸含量比其他任何食品都高，这使它对增长肌肉、增强力量特别有效。在进行训练的头几秒里，肌氨酸是肌肉的燃料之源。

黄豆芽：黄豆的蛋白质含量虽高，但由于它存在着胰蛋白酶抑制剂，使它的营养价值受到限制，所以人们提倡食用豆制品。

（三）韩国排骨

在深受韩国人喜爱的肉类饮食——烤肉、五花肉、排骨中，排骨是最高级的料理。韩国排骨是把长约7厘米，厚约1厘米的牛肉或猪肉切开，放上大葱、蒜、香油和大酱，在中强火下烤着吃，香脆可口。由于价格比较贵，制作起来也比较麻烦，所以一般只有生日或特别节日的时候才吃。

（四）韩国烤肉

烤肉，韩语称불고기，此为固有词，"불"是火的意思，"고기"是肉的意思，불고기即"烤肉"，是源自蒙古的烤肉料理。据说古时蒙古士兵外出征战，着装轻便且并无多带炊具，就用金属制的盾牌或头盔烤熟肉类，所以韩国料理所使用的铜盘形状，会与盾牌的形状颇有神似之处。另一称呼是貊炙，是高句丽固有的文化。而今逐渐成为朝鲜族宴客的料理，通常在吃铜板烤

肉时，食材多以腌渍的肉类与海鲜为主，与铜板周围浅底凹陷累积酱料与蔬菜流露的汤汁和在一起烤食，而肉类又以牛肉为主。此外，牛里脊、牛排、牛舌、牛腰、海鲜、生鱼片等都是韩国烤肉的美味，其中尤以烤牛里脊和烤牛排最有名。

韩国烤肉的肉事先并未煨好，其味道主要来自所蘸的汁，不同的烧烤要用不同的汁，吃熏肉有熏肉的汁，吃烤肉有烤肉的汁，每种汁都是由十几种调料精心配制而成（各种调料市场上都能买到），据说这些甜中带酸、清新爽口又有微妙差别的汁到底是怎么做的，只有厨师长一个人明悉。

（五）熏牛里脊

有一道称为熏牛里脊的菜肴几乎被所有韩国料理列为首选。先将牛里脊放在熏箱中熏约20分钟，然后再拿出晾凉，用保鲜膜包起冷冻后，再切成薄薄的里脊片码在盘子周围，用切得极细的苏子叶、杭子椒、生菜、芥蓝等带着各种各样鲜艳颜色的时令菜蔬点缀在侧端上这盘菜后，服务员会爽利地将这些菜蔬丝剪得更碎些，然后用筷子将这些丝夹起一些放在里脊片上，再卷起来，送到客人盘中。蘸着特别的熏汁，听着菜蔬入口的轻轻响声，品味着里脊肉的微微醇香，任酸酸的汁在舌尖渗过，凉凉的、爽爽的，再喝上一小杯清酒，真是一种从未有过的体验。其实，里脊在熏制过程中，只是外边的一层熟了，在一般人的意识中，吃生肉总让人产生茹毛饮血般的恐惧，可每一个尝过这道菜的客人都会惊讶于里脊的脆香、爽、嫩，有很多人再次品尝韩国料理时，最先点的总是这道菜。

韩国料理中各式各样的小菜也很特别，味辣、微酸，不是很咸，如泡菜、酸黄瓜、麻辣桔梗、酱腌小青椒和紫苏叶……配上以肉为主的烧烤，倒是荤素相济、相得益彰。

（六）韩国五花肉

五花肉是指在肉和脂肪部位3次重叠的猪腹部的肉。作为全世界五花肉消费最多的韩国，五花肉的消费量已经到了国内供不应求、需要海外大量进口的程度。五花肉是将生肉放在铁板上烤得脆脆的，然后用生菜包着吃，这是韩国肉类料理中最普遍的一种。特别是男性朋友相聚，韩国五花肉是与烧酒相伴的美味。

（七）韩国参鸡汤

参鸡汤是将童子鸡洗干净，剖开肚子，放入人参、大枣、黏米等，加上适量的盐调味后，放在水里煮熟的夏季健康饮食。韩国人有在汗流浃背、身体虚弱的炎夏，7—8月份的初伏、中伏、末伏时节，靠吃参鸡汤来补充体力的传统。所以，在这样特别的日子里参鸡汤店里常常是座无虚席。

（八）韩国冷面

韩国冷面也叫朝鲜冷面，是韩国传统美食之一。据《东国世食记》记载：冷面发源于19世纪中叶朝鲜的平壤和咸兴地区。

冷面是在小麦粉里掺入少量绿豆粉制作的面条，放上薄皮肉、黄瓜、梨、蔬菜和鸡蛋作衬托，将牛肉长时间煮成的汤冰镇后浇上制作而成。冷面除了上述介绍的水冷面之外，还有代表性的用辣椒酱和各种材料混合做成的微辣拌面。在拌面的基础上放上鲽鱼脍就成了脍冷面，将冷面的汤换作萝卜泡菜汤的话就成了萝卜泡菜冷面。过去在冬天吃冷面的比较多，现在主要在夏天吃。

（九）韩国海鲜料理

韩国三面环海，海鲜料理丰富。其中最受韩国人欢迎的要数用大葱、蔬菜、海鲜等为材料，拌上面粉、鸡蛋，在平底锅上放油做成的海鲜葱饼，以及用新鲜的鱼切成薄片直接食用的脍，还有用吃完的脍做成的微辣鱼汤等都很有名。海鲜葱饼作为孩子们的零食和大人的下酒菜，深受喜爱，特别是咚咚酒和海鲜葱饼可以说是绝配。

（十）韩国打糕

打糕，是朝鲜族风味面食。旧时农历三月祭祀时以之供神。

制法：糯米或黄米以水淘洗净，黄豆炒熟磨成细面备用。将糯米煮成饭盛于木槽内，用木榔头蘸水略捣使之成泥状，倒于事先备好的石板上，再以木榔头蘸水将其打成面饼。一边打，一边从旁拨之，使其厚薄均匀，打好后上撒豆面食用。第一次打出者称"擦台糕"，一般不用作供神；第二次以后打出者因石板面已干净方可用。

打糕，以米为主要原料制作而成，其中还可以放入各种杂谷、栗子、大枣或水果、艾草、南瓜等材料制作成各种各样的糕。各种材料制作的香甜可口的打糕，口味各不相同，在100多种种类中挑着吃也是一种乐趣和享受。打糕在过去的宴会、生日、祭祀等日子里是必不可少的食品。近年来还出现卖打糕的面包房和小型超市。进入打糕专卖店，到处都是漂亮的打糕，可以和传统饮料一同享用。去韩国旅行的话，不妨尝尝这美味的韩国传统零食。

（十一）韩国节日饮食特点

松饼：松饼是中秋节（农历八月十五）的时候吃的糕饼。韩国有一些民间说法，认为如果松饼做得漂亮就可以遇到漂亮的新娘、好看的新郎，或者可以生下漂亮的女儿。所以，人们在制作松饼的时候，总是倾注很多心思。

芋头汤：中秋必备食品。因为芋头是在中秋前后收获，所以芋头汤使中秋食品与春节祭祖等节日食品有所区别。芋头属于碱性食物，又富含维生素，不仅有助于消化，还能促进胃肠运动、预防便秘。

花样串：多料"七彩袄"。在中秋节食品中首屈一指，它是用黄瓜、胡萝卜、桔梗、蘑菇和鸡蛋等各色食品为材料烤成的烧烤串。花样串使用肉类和蔬菜均衡，所以营养全面。

年糕汤：年糕汤是春节（农历一月一日）时吃的食物。因为年糕汤的材料——条糕形状狭长，所以意味着长寿。

五谷饭：朝鲜族吃五谷饭由来已久。新罗国时，把正月十五这天称作"乌忌之日"，用五谷饭祭扫乌鸦。每逢正月十五，农民用江米、大黄米、小米、高粱米、小豆做成五谷饭吃。人们还拿一些五谷饭放到牛槽中，看牛先吃哪一种，便表示哪种粮食这一年能获丰收。这种风俗至今还在民间流传。

红豆粥：红豆粥是冬至的时候吃的食物。据说以前的人认为鬼神讨厌红色，所以才把红色的小豆做成粥来吃。冬至的红豆粥，有按照年龄大小放进鸟蛋年糕（鸟蛋年糕，用糯米做成的圆形年糕，放进红豆粥中食用）食用的风俗。

参考文献

[1] 耿卫忠. 西方传统节日与文化 [M]. 太原：书海出版社，2006.

[2] 赵红群. 世界饮食文化 [M]. 北京：时事出版社，2006.

[3] 陈弘美. 用刀叉吃出高雅：西餐礼仪 [M]. 北京：生活·读书·新知三联书店，2012.

[4] 今田美奈子. 西餐餐桌艺术经典 [M]. 罗庆霞，译. 南京：江苏科学技术出版社，2005.

[5] 姚汩醽. 精品葡萄酒美食搭配指南 [M]. 北京：化学工业出版社，2014.

[6] 齐鸣. 咖啡 咖啡 [M]. 南京：江苏科学技术出版社，2012.

[7] 李宾. 新编西餐盘饰与装盘艺术 [M]. 沈阳：辽宁科学技术出版社，2004.

[8] 王森. 西点制作大全 [M]. 北京：中国纺织出版社，2012.

[9] 凯瑟琳·艾特肯森，约娜·法罗，瓦莱尔·巴勒特. 西点全书 [M]. 宋梅，译. 青岛：青岛出版社，2009.

[10] 张毅. 漫话饮食文化 [M]. 重庆：重庆大学出版社，2014.

[11] 杜莉. 中西饮食文化比较 [M]. 成都：四川科学技术出版社，2020.

[12] 吴澎. 中国饮食文化 [M]. 3 版. 北京：化学工业出版社，2020.

[13] 杜莉. 西方饮食文化 [M]. 2 版. 北京：中国轻工业出版社，2021.

彩图1

彩图2

彩图3

彩图4

彩图5

彩图6

彩图7

可以参考法国葡萄酒酒标上的用语，来认识酒标。

1—波尔多地方梅铎克地区的玛歌村的ＡＯＣ酒，以村落为名是ＡＯＣ酒中的顶级品

2—等级标示＝Premier Grand Cru Class 酒庄酒中品质优良的等级标示。

3—玛歌产

4—装瓶者「酒庄装瓶」的意思。

5—年份（葡萄酒采收年份）

6—优良酒的意思

7—酒名，以酒庄（葡萄园）名做葡萄酒名，是最高级的ＡＯＣ级葡萄酒。

彩图8

彩图9

彩图10

彩图11

彩图12

彩图13

彩图15

彩图14

彩图16

彩图17

彩图18

彩图19

彩图20

彩图21

彩图22

彩图23

彩图24

彩图25